本書の構成と使い方

構　　成	使　い　方
教科書の整理	教科書のポイントをわかりやすく整理し，**重要語句**をピックアップしています。日常の学習やテスト前の復習に活用してください。 発展的な学習の箇所には 発展 の表示を入れています。
実験・観察・資料・演習・調査のガイド	教科書の「**実験**」「**観察**」「**資料**」「**演習**」「**調査**」を行う際の留意点や結果の例，考察に参考となる事項を解説しています。準備やまとめに活用してください。
TRY のガイド	教科書の TRY を解く上での重要事項や着眼点を示しています。解答の指針は **ポイント** を，解法は **解き方** を参照して，自分で解いてみてください。
章末問題・特講のガイド	TRY のガイドと同様に，章末問題や特講を解く上での重要事項や着眼点を示しています。

ここに注意 … 間違いやすいことや誤解しやすいことの注意を促しています。

もっと詳しく … 解説をさらに詳しく補足しています。

テストに出る … 定期テストで問われやすい内容を示しています。

思考力 UP↑ … 実験結果や与えられた問題を考える上でのポイントを示しています。

表現力 UP↑ … グラフや図に表すときのポイントを扱っています。

読解力 UP↑ … 文章の読み取り方のポイントを扱っています。

JN059096

目　次

第1編　生物の特徴

第1章　生物の特徴

教科書の整理

第①節　生物の共通性

教科書 p.20〜35

1　生物の多様性と共通性

①**種**　生物を分類するときの基本単位。共通の特徴をもち，親から生殖可能な子が生まれる生物群。名前をつけられているものだけでも約190万種以上あり，名前をつけられていないものを含めると数千万種にものぼるとされる。

②**細胞**　すべての生物のからだの基本単位。「細胞からなる」ことは生物に共通する特徴の1つである。

③**生物に共通する特徴**

・からだが細胞からなる：からだが1つまたは複数の細胞からできている。

・遺伝物質としてDNAをもち，生殖によって子をつくる：細胞分裂の際，DNAは複製され，それぞれの細胞に分配される。DNAは子孫へ伝えられる。

・エネルギーを利用する：栄養分を分解してエネルギーを取り出し，それを用いて活動する。

・体内の状態を一定に保とうとする性質をもつ：外部環境の変化に関わらず，さまざまな器官の働きによって，イオンや酸素，グルコースなどの濃度や体温などを一定の範囲内に保つ。

・**進化**する。

菌類約10万種　脊椎動物約6万種　藻類約4万種　その他約4万種　植物約30万種　無脊椎動物　名前のつけられている生物の種類約190万種　約136万種（そのうち約100万種は昆虫類）

地球上の生物の種数

テストに出る
種数が最も多いのは無脊椎動物であることを覚えておこう。

もっと詳しく
藻類とは，光合成を行う生物のうち，コケ植物，シダ植物，種子植物を除いたものの総称。

教科書 p.26 参考　ウイルスは生物といえるのか

・**ウイルス**：遺伝物質と，タンパク質でできた殻からなる微細な粒子で，細胞構造をもたない。また，自ら増殖したり代謝を行ったりできず，生物の細胞に侵入し，その生物がもつ細胞内の物質やしくみを用いて増殖する。
　→遺伝物質をもつが，生物としての特徴すべてをもち合わせているわけではないので，生物として扱われないことが多い。

教科書 p.27 参考　生物学を学習するときの視点

さまざまな視点で，生物の多様性と共通性について考える。

生態系という視点	多様性	森林や草原，海洋，荒原などのさまざまな生態系が存在する。
	共通性	生態系は，いずれも非生物的環境(温度，光，水，土壌など)と生物的環境(同種の生物，異種の生物)から成り立つ。
個体という視点	多様性	暑さに強いヒトや暑さに弱いヒトがいる。
	共通性	ヒトは，気温の変化に伴って体内環境を一定に保つしくみをもつ。
器官・組織という視点	多様性	ヒトはさまざまな**器官**(脳，心臓，すい臓など)をもち，それぞれの器官は特定の働きをもっている。
	共通性	どの器官も複数の**組織**が組み合わさってできている。
細胞という視点	多様性	細胞には，原核細胞(核をもたない)と真核細胞(核をもつ)がある。
	共通性	すべての細胞は細胞質をもち，細胞質の最外層は細胞膜である。
分子という視点	多様性	染色体の数は種によって異なる。
	共通性	遺伝子の本体は DNA で，すべての生物で DNA 分子を構成する成分は同じである。

2 生物の共通性の由来

生物に共通する特徴には，進化の過程のなかで共通祖先から受け継いだものがある。
①**適応**　進化によって，生物のからだの形や働きが，生活している環境に適するようになること。
　例　ヒトは四肢をもち，肺呼吸を行う。
　　→陸上の環境に適応した祖先生物の形質を受け継ぐ。

②**系統** 生物が進化してきた道筋。

③**系統樹** 系統関係を樹形に表した図。すべての生物に共通の特徴がみられるのは，共通の祖先から進化してきたためと考えられている。

さまざまな生物の系統樹の例

④**細胞に共通な構造** 細胞には原核細胞と真核細胞があり，どちらの細胞も細胞質をもち，最外層は細胞膜になっている。内部に染色体があり，細胞質は細胞質基質で満たされている。

・**細胞質**：細胞の核以外の部分。

・**細胞膜**：細胞質の最外層。細胞内外への物質の運搬を行う。

・**染色体**：遺伝子の本体であるDNAを含む。

・**細胞質基質**：細胞質を満たす，水やタンパク質を含む液状の成分。さまざまな化学反応の場となっている。

⑤**原核細胞** 核をもたない細胞。ふつう，真核細胞に比べて，細胞の大きさが小さく，内部構造は単純である。染色体は細胞質基質に局在している。

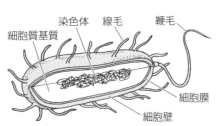

原核生物の構造

⑥**真核細胞** 核をもつ細胞。内部に，核やミトコンドリア，葉緑体など，特定の働きをもつ構造体がみられる。

⑦**細胞小器官** 真核細胞の内部にある，核やミトコンドリア，葉緑体などの構造体。

・**核**：最外層は核膜。内部に染色体を含み，細胞の働きを調節したり，遺伝やさまざまな化学反応で重要な働きをしたりし

ている。動物細胞にも植物細胞にもみられる。

・**ミトコンドリア**：呼吸の場となる。動物細胞にも植物細胞にもみられる。

・**葉緑体**：光合成の場となる。植物細胞や藻類の細胞にみられ，動物細胞にはみられない。

・液胞：物質の濃度調節と物質の貯蔵を行う。動物細胞にも液胞のような構造体がみられるが，植物細胞ほどは発達していない。

・細胞壁：細胞を強固にし，形を維持する。原核細胞や植物細胞にみられ，動物細胞にはみられない。原核細胞と植物細胞の細胞壁の成分は異なっている。

๑๑もっと詳しく
若い植物細胞では液胞はあまり発達していない。

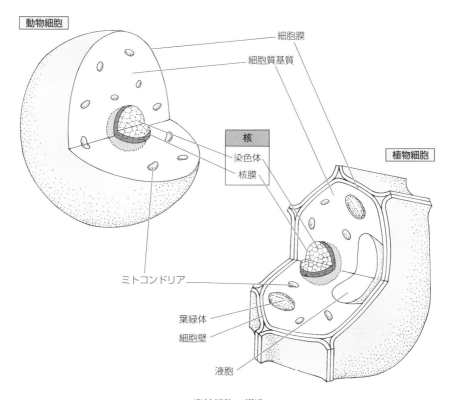

動物細胞

細胞膜

細胞質基質

核
染色体
核膜

植物細胞

ミトコンドリア

葉緑体

細胞壁

液胞

真核細胞の構造

構　造		主な役割	原核細胞	真核細胞	
				動物細胞	植物細胞
細胞膜		細胞内外への物質の運搬を行っている。	＋	＋	＋
細胞質基質		さまざまな化学反応の場となる。	＋	＋	＋
染色体		遺伝子の本体であるDNAを含んでいる。	＋	＋	＋
細胞小器官	核	染色体を含んでいて，細胞の働きを調節している。	－	＋	＋
	ミトコンドリア	呼吸の場となる。	－	＋	＋
	葉緑体	光合成の場となる。	－	－	＋
	液胞	物質の濃度を調節し，物質を貯蔵する。	－	＋*	＋
細胞壁		細胞を強固にし，細胞の形を維持する。	＋	－	＋

＋：存在する。　－：存在しない。　※液胞のような構造体がみられるが，未発達。

原核細胞と真核細胞の比較

⑧**原核生物**　からだが原核細胞からできている。大腸菌や乳酸菌，シアノバクテリアなどの細菌が含まれる。

⑨**真核生物**　からだが真核細胞からできている。動物や植物，菌類などが含まれる。

・真核細胞は，細胞膜など原核細胞と共通した特徴をもっているが，原核細胞には存在しない細胞小器官などももっている。
→真核生物は原核生物から進化したと考えられている。

もっと詳しく
シアノバクテリアは光合成を行う。

共通祖先からの進化

教科書
p.34　**発展**　真核細胞の共通性と多様性

　真核生物である植物細胞と動物細胞の内部構造にも，共通性と多様性がある。

●主に動物細胞でみられる

・中心体：2 個の中心小体があり，細胞分裂などに関係する。一部の植物細胞にもみられる。

●植物細胞でみられる

・葉緑体：二重膜からなる。**クロロフィル**などの色素を含んでいて，光合成の場となる。

●動物細胞と植物細胞にみられる

・核：DNA とタンパク質からできている染色体を含み，細胞の働きを調節している。

・ミトコンドリア：二重膜からなる。呼吸の場となる。

・**リボソーム**：タンパク質合成の場となる。原核細胞にもみられる。

・小胞体：膜構造をしていて，リボソームで合成されたタンパク質の移動経路などになる。

・ゴルジ体：扁平な袋が重なった構造をしていて，物質の輸送や分泌に重要な役割をもつ。

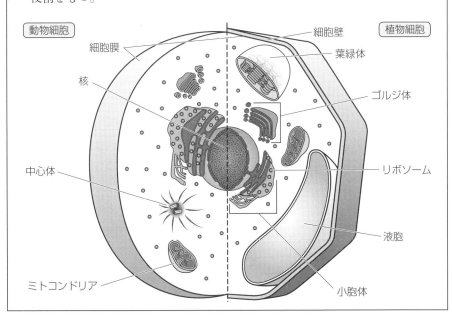

動物細胞　　　　　　　　　　　　　　　　　　　　　　植物細胞

細胞膜　　細胞壁　　葉緑体　　核　　ゴルジ体　　中心体　　リボソーム　　ミトコンドリア　　液胞　　小胞体

発展 真核生物の誕生と進化

教科書 p.35

・**真核生物の誕生**：真核生物の祖先は大型の原核生物が核をもつことで誕生したと考えられている。

・**細胞内共生**：ある細胞に別の生物の細胞が共生（異なる生物が緊密な関係をもって生活していること）する現象。ミトコンドリアと葉緑体は，細胞内共生によって生じたと考えられている。

・細胞内共生によって生じたと考えられる証拠：ミトコンドリアと葉緑体は，核内のDNAとは異なるDNAをもっている。また，細胞の分裂とは別に分裂して増殖する。

・ミトコンドリアは細菌，葉緑体はシアノバクテリアが原始的な真核細胞の内部に共生することによって生じたと考えられている。

　→呼吸を行う細菌が原始的な真核細胞の内部に共生してミトコンドリアの起源になり，動物細胞と植物細胞の起源となる細胞が生じた。

　→さらに，光合成を行うシアノバクテリアが共生して葉緑体の起源になり，植物細胞が生じたと考えられている。

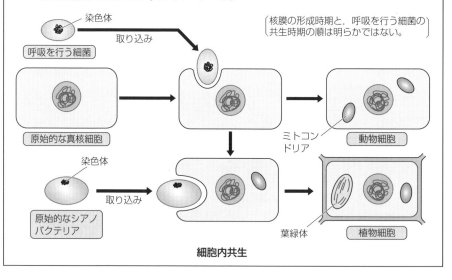

（核膜の形成時期と，呼吸を行う細菌の共生時期の順は明らかではない。）

細胞内共生

第②節 生物とエネルギー

教科書 p.36～48

1 生物とエネルギー

①**代謝**　生体内で起こる，物質を合成したり分解したりする化学反応全体。同化と異化がある。

・生命活動は，物質を合成したり分解したりする化学反応を常に伴い，生物のからだを構成している物質は新しく合成されたものと絶えず入れ替わっている。

②**同化**　単純な物質から複雑な物質を合成する過程。エネルギーの吸収を伴う。

　　例　光合成

③**異化**　複雑な物質をより単純な物質に分解する過程。エネルギーの放出を伴う。

　　例　呼吸

④**独立栄養生物**　外界から取り入れた無機物から有機物を合成して生活している生物。

　　例　植物など

⑤**従属栄養生物**　独立栄養生物が合成した有機物を直接または間接的に栄養分として取り入れて生活している生物。

　　例　菌類や動物など

もっと詳しく

従属栄養生物は，異化によって得た化学エネルギーを生命活動に利用するが，一部は同化に利用している。

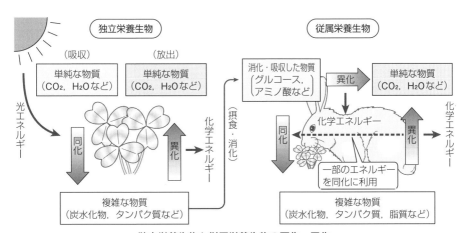

独立栄養生物と従属栄養生物の同化・異化

教科書の整理　第1章

2 代謝とATP

① **ATP（アデノシン三リン酸）**　すべての生物の体内に存在し，代謝に関与している。

② **ATP の構造**　ATPは，塩基の一種のアデニンと糖（C, H, Oからなる化合物＝炭水化物）の一種のリボースが結合したアデノシンに，3分子のリン酸が結合した化合物である。

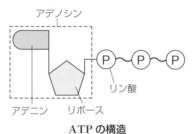

ATP の構造

⚠ **ここに注意**

この場合の塩基は，化学で出てくる塩基とは別のものである。

③ **高エネルギーリン酸結合**　ATP内のリン酸どうしの結合。切れるときにエネルギーを放出する。

④ **ADP（アデノシン二リン酸）**　アデノシンにリン酸が2分子結合した化合物。

⑤ **ATP の合成と分解**　ATP の末端のリン酸が切り離されると，ADP とリン酸に分解されてエネルギーを放出する。逆に，ADP とリン酸が結びついて ATP が合成されるときには，エネルギーが吸収される。

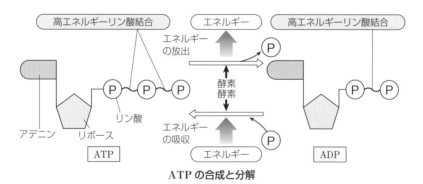

ATP の合成と分解

⑥ **ATP の役割**　ATP は，代謝が行われてエネルギーが出入りする際の仲立ちとなっているため，生体内でのエネルギーの通貨と呼ばれる。

・光合成では，光エネルギーを用いて ATP が合成される。

　→合成された ATP が分解されるときに放出されるエネルギーを用いて有機物が合成される。

・呼吸では，有機物を分解するときに放出されるエネルギーを用いて ATP が合成される。

　→合成された ATP が分解されるときに放出されるエネルギーを用いてさまざまな生命活動が行われる。

⚠ここに注意
合成された有機物に貯えられるエネルギーは化学エネルギーである。

⑦**光合成**　光エネルギーを用いて行われる炭酸同化。

・**炭酸同化**：生物が二酸化炭素を吸収して有機物を合成する化学反応。

⑧**光合成の過程**　光合成は葉緑体で行われ，水と二酸化炭素から有機物を合成する。このとき，酸素が発生する。

・光エネルギーが葉緑体によって吸収される。

👀もっと詳しく
発生する酸素は，水に由来する。

　→吸収されたエネルギーによって ATP が合成される。

　→合成された ATP を用いて炭水化物などの有機物が合成される。

　→合成された有機物には光エネルギーに由来する化学エネルギーが貯えられている。

👀もっと詳しく
$C_6H_{12}O_6$ はグルコースの化学式。デンプンは，グルコースが多数結合した物質である。

$$水 + 二酸化炭素 \longrightarrow 有機物 + 酸素$$
$$H_2O \quad CO_2 \quad C_6H_{12}O_6 \quad O_2$$

光エネルギー

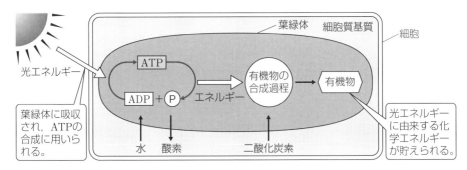

光合成の反応

教科書 p.40　**発展**　**光合成が行われる場所**

・光合成は葉緑体で行われ，ATP を合成する過程はチラコイド，有機物を合成する過程はストロマで行われる。

・**チラコイド**：扁平な袋状の膜構造。クロロフィルなどの色素が存在していて，光エネルギーを吸収して ATP を合成する過程が行われる。

・**ストロマ**：チラコイドの間を満たしている。二酸化炭素を取り込み，合成された ATP などを利用して有機物を合成する過程（**カルビン回路**）が行われる。

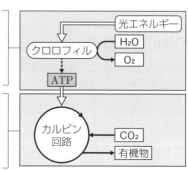

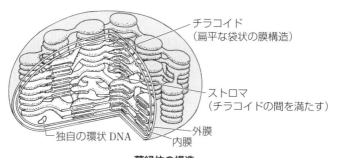

葉緑体の構造

⑨**呼吸**　真核生物が酸素を用いて有機物（グルコースや脂肪，タンパク質など）を分解し，分解時に放出されるエネルギーを利用して，生命活動に必要な ATP を合成する化学反応。

⑩**呼吸の過程**　呼吸では，ミトコンドリアが重要な役割を担っている。呼吸によってグルコースが分解される場合は，水と二酸化炭素を生じる。

グルコース	＋	酸素	⟶	水	＋	二酸化炭素
$C_6H_{12}O_6$		O_2		H_2O		CO_2

⟱

エネルギー（ATP）

テストに出る
グルコースの化学式を覚えておこう。

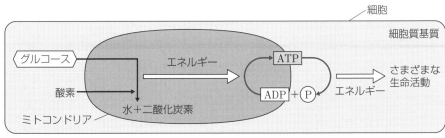

呼吸の反応

教科書 p.41　**発展**　**呼吸が行われる場所**

・呼吸は，細胞質基質とミトコンドリアで行われる。解糖系やクエン酸回路では，化学エネルギーが ATP とは別の物質としても取り出される。

・**解糖系**：細胞質基質で行われ，グルコースがピルビン酸にまで分解される過程。

・**クエン酸回路**：ミトコンドリアの**マトリックス**で行われ，解糖系で生じたピルビン酸が段階的に分解されていく過程。

・**電子伝達系**：ミトコンドリアの内膜で行われ，解糖系やクエン酸回路で生じた水素が最終的に水になる際に生じる化学エネルギーから多量の ATP を合成する過程。

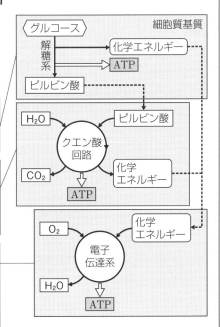

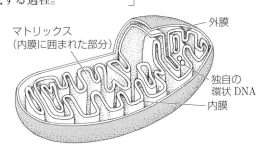

ミトコンドリアの構造

教科書 p.43 　発展　酸素を用いないでエネルギーを取り出すしくみとその利用

- **発酵**：呼吸は有機物の分解に酸素を用いる化学反応であるが，発酵は酸素を用いないでグルコースなどの有機物を分解し，エネルギーを取り出す化学変化である。呼吸は多くの多細胞生物が行っているが，発酵は微生物などでみられる。

- **アルコール発酵**：酵母などでみられる，グルコースなどの糖をエタノールと二酸化炭素に分解する発酵のこと。

$$
\begin{array}{ccccc}
\text{グルコース} & \longrightarrow & \text{エタノール} & + & \text{二酸化炭素} \\
C_6H_{12}O_6 & & 2C_2H_5OH & & 2CO_2
\end{array}
$$

$$\Downarrow$$

エネルギー（ATP）

- **乳酸発酵**：主に乳酸菌でみられる，グルコースなどの糖を乳酸に分解する発酵のこと。

$$
\begin{array}{ccc}
\text{グルコース} & \longrightarrow & \text{乳酸} \\
C_6H_{12}O_6 & & 2C_3H_6O_3
\end{array}
$$

$$\Downarrow$$

エネルギー（ATP）

- **解糖**：多細胞生物の細胞内でグルコースから乳酸が生じる過程のこと。反応過程は乳酸発酵と同じである。

  →同じ反応過程が真核生物にも原核生物にもみられることは，真核生物と原核生物が共通の祖先生物をもつ証拠と考えられている。

  例　長時間運動をしていると，筋肉中のグリコーゲンがグルコースに変えられ，グルコースが酸素を用いずに乳酸へと分解されてエネルギーが取り出される。

酵母が行う発酵を利用してつくられる食品	酵母と細菌の両方が関わってつくられる食品	細菌が行う発酵を利用してつくられる食品
焼酎 みりん ワイン パン	日本酒 みそ 漬物	ヨーグルト 納豆 カマンベールチーズ

3 代謝と酵素

①**触媒**　化学反応を促進する物質で，それ自体は反応の前後で変化しない。

②**酵素**　タンパク質を主成分とする物質で，触媒として働き，化学反応を促進する。光合成や呼吸を含めて代謝が円滑に進められるのは，酵素の働きによるものである。

③**過酸化水素の分解**　過酸化水素を室内に放置しておくと，非常にゆっくりと水と酸素に分解される。

・過酸化水素水に少量の酸化マンガン(Ⅳ)(二酸化マンガン)を加えると，酸素が盛んに発生する。

　←酸化マンガン(Ⅳ)が触媒として働き，過酸化水素の分解を促進するから。

・過酸化水素水に肝臓片を加えると，酸素が発生する。

　←肝臓片に含まれるカタラーゼという酵素が酸化マンガン(Ⅳ)と同じように触媒として働くから。

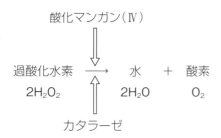

④**酵素の特徴**　酵素は，生体内で起こる化学反応のほとんどすべてに関わっている。

・**基質**：酵素の作用を受ける物質。反応の結果，生成物となる。

・**基質特異性**：酵素がもつ，特定の物質のみに作用するという性質。

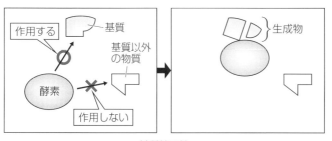

基質特異性

もっと詳しく　酵素は DNA の遺伝情報にもとづいて細胞内で合成される。

もっと詳しく　過酸化水素は細胞の呼吸などによって生じる。

教科書の整理　第 1 章

・**くり返し作用**：1つの酵素がくり返し基質へ作用し続けることができること。

←酵素は触媒なので，基質に作用しても酵素自体は変化しない。

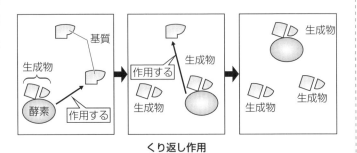

くり返し作用

⑤**代謝における酵素の働き**　代謝は，ふつう複数の化学反応が組み合わさっていて，それらが連続して進行する。

・酵素には基質特異性がある。

→ある物質には特定の酵素が作用する。

→生じた生成物には別の酵素が作用する。

このような酵素反応によって，複雑な過程であっても順を追って円滑に進行する。

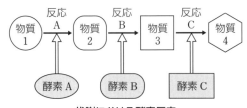

代謝における酵素反応

⑥**細胞内で働く酵素**　多くの酵素は細胞内の特定の場所に存在し，そこで起こる特有の反応の触媒として作用している。

・それぞれの細胞小器官が独自の働きをもつのは，その働きに関わる特定の酵素がそれぞれの細胞小器官に存在するためである。

　　例　ミトコンドリア…呼吸に関係する酵素が多数存在する。

　　　　葉緑体…光合成に関係する酵素が多数存在する。

教科書の整理　第１章

教科書 p.48 **発展** 酵素の特徴

●酵素に基質特異性がみられる理由

・**活性部位**：それぞれの酵素は特有の立体構造をもっていて，その立体構造の一部にみられる特有の構造のこと。この部位に基質が結合する。

　→酵素に基質特異性がみられるのは，酵素は活動部位の立体構造に適合する物質と結合するが，適合しない物質とは結合しないから。

・**酵素－基質複合体**：酵素が活性部位で基質と結合したもの。基質は，酵素－基質複合体を経て生成物となる。

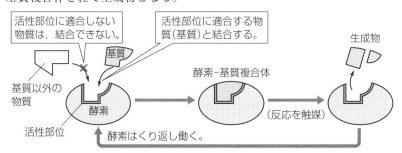

●酵素反応と外的条件

・**最適温度**：酵素の反応速度が最も大きくなる温度。ヒトの酵素では 35〜40℃。

・ふつうの化学反応では，温度が高くなるにつれて反応速度が大きくなる。

・多くの酵素の反応でも，温度が高くなるにつれて反応速度は大きくなるが，一定の温度を超えると急に小さくなる。

　→酵素の主成分のタンパク質の立体構造が高温によって変化（熱変性）し，活性部位の構造が変化してしまい，基質と結合できなくなるから。

・**最適 pH**：酵素が作用するのに最も適した pH。

　例　ペプシン：約 2，アミラーゼ：約 7，トリプシン：約 8

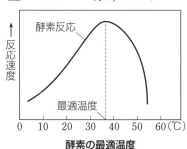

酵素の最適温度

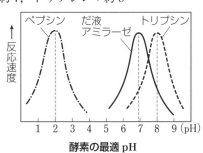

酵素の最適 pH

実験・観察・資料のガイド　第１章

実験・観察・資料のガイド

教科書 p.22　🔍 観察　**1. さまざまな生物を観察して共通する特徴を探そう**

方法 2．見つけた構造体の大きさをミクロメーターで測定するときは，まず対物ミクロメーターを使って接眼ミクロメーターの１目盛りの長さを求めておく必要がある。

●**ミクロメーターの使い方**

❶接眼レンズの上のレンズを取り外し，なかに接眼ミクロメーターをセットする。

❷対物ミクロメーターを表を上側にして顕微鏡のステージに置き，対物ミクロメーターの目盛りにピントを合わせる。

❸接眼ミクロメーターと対物ミクロメーターの目盛りが平行に重なるようにして，両方の目盛りが合致するところを２か所探し，それぞれの目盛りの数を読みとって，接眼ミクロメーターの１目盛りが何 μm になるか調べる。

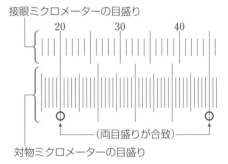

接眼ミクロメーターの１目盛りの長さ

$$=\frac{対物ミクロメーターの目盛りの数\times10(\mu m)}{接眼ミクロメーターの目盛りの数}$$

上の図の場合，接眼ミクロメーター 25 目盛りと対物ミクロメーター 40 目盛りが合致しているので，接眼ミクロメーター１目盛りの長さは，

$$\frac{40\times10}{25}=16(\mu m)$$

実験・観察・資料のガイド　第1章

教科書 p.26 🧪 **実　験**　**1. DNA の抽出**

📘**方法**　1．長時間すりつぶしていると細胞に含まれている酵素の働きで DNA が分解されてしまうので，すばやくすりつぶす。

5．DNA を採取するとき，慎重に扱わないとちぎれて回収しにくくなる。このような場合はこまごめピペットで吸い取ってろ紙に移す。

教科書 p.30 📄 **資　料**　**1. 脊椎動物を例に生物が共通する特徴をもつ理由を考えよう**

📘**考察**　1．表1から，ハ虫類・鳥類，哺乳類に共通した特徴は「呼吸：肺」なので⑥には「生涯を通じて肺呼吸を行う」が入る。両生類，ハ虫類・鳥類，哺乳類に共通する特徴は「四肢：あり」なので⑥には「四肢をもつ」が入る。魚類，両生類，ハ虫類・鳥類，哺乳類に共通する特徴は「脊椎：あり」なので⑥には「脊椎をもつ」が入る。

読解力UP↑

図3の⑥，⑥，⑥のふき出しのなかに入る特徴は，ふき出しよりも下にあるすべての脊椎動物のグループに共通するものである。

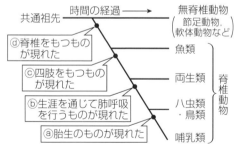

2．⑥で現れた生物はすべての脊椎動物の祖先で，共通祖先がもつ「脊椎をもつ」という特徴を，脊椎動物のそれぞれのグループが受け継いだためにすべての脊椎動物が脊椎をもつ。

思考力UP↑

⑥の位置で現れた生物は，魚類の祖先であり，ほかの脊椎動物のグループにとっても祖先である。

実
験
・
観
察
・
資
料
の
ガ
イ
ド
　
第
1
章

3．ⓑで現れた生物は，ハ虫類・鳥類，哺乳類の祖先，ⓒで現れた生物は，両生類，ハ虫類・鳥類，哺乳類の祖先である。共通の祖先に由来する特徴がそれぞれのグループに受け継がれたため，いくつかのグループどうしで共通した特徴がみられる。

思考力UP↑

ⓑで生涯を通じて肺呼吸を行うものが現れ，その特徴がハ虫類・鳥類と哺乳類に受け継がれた。ⓒで四肢をもつものが現れ，その特徴が両生類，ハ虫類・鳥類，哺乳類に受け継がれた。

教科書 p.36 ┃ 資 料 **2. 光の有無が植物の生育に与える影響について考えよう**

ガイド ┃ **考察** ┃ 右の図のように，はじめのうちは発芽するために種子のなかの栄養分が使われるために，明所で育てたダイコン，暗所で育てたダイコンともに芽生えの乾燥重量が減少する。その後，明所で育てたダイコンの芽生えはやがて乾燥重量が増加していく。

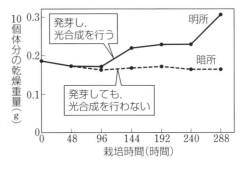

これは明所では，ダイコンの種子は発芽すると光エネルギーを利用して，栄養分のもととなる有機物を新たにつくるからである。

一方，暗所で育てたダイコンの芽生えは，光エネルギーを供給されないために，栄養分のもととなる有機物を新たにつくることができない。よって，そのまま生育し続けることは困難であると推測される。

よって，植物の生育には有機物を合成するための光エネルギーの供給が必要である。

教科書 p.39　資料　3. ATP の役割について考えよう

考察 光合成…光エネルギーを利用して ATP が合成され，合成された ATP が分解されるときに放出されるエネルギーを用いて有機物が合成される。

呼吸…有機物を分解するときに放出されるエネルギーを用いて ATP が合成され，合成された ATP が分解されるときに放出されるエネルギーを用いてさまざまな生命活動が行われる。

思考力UP↑

ATP は，エネルギーを取り入れたときに合成され，エネルギーを利用するときに分解される。

ATP は，代謝によってエネルギーが出入りするときの仲立ちとなっている。

教科書 p.47　実験　2. 酵素カタラーゼの働き

方法 1．石英は触媒作用をもたない。肝臓片にはカタラーゼが含まれている。

考察 この実験で発生した気泡は酸素である。この実験では，カタラーゼが触媒として働き，過酸化水素の分解が促進されて水と酸素が発生する。よって，カタラーゼの基質は過酸化水素，生成物は水と酸素である。

石英を用いた実験は対照実験で，気泡(酸素)の発生は過酸化水素水に物質を加えただけでは起こらないことを確かめるためである。

気泡が発生した後，しばらくしてから火のついた線香を入れると，最初は線香が激しく燃焼するが，気泡があまり発生しなくなると，線香の燃え方が弱くなる。これは，基質である過酸化水素がすべて分解されてしまい，酸素が発生しなくなったからである。

TRY のガイド

教科書 p.14　倍率600倍で観察を行いたい場合，接眼レンズと対物レンズの倍率の組み合わせはどのようにしたら良いだろうか。図中に示された倍率を参考に考えよう。

ポイント　観察する倍率＝接眼レンズの倍率×対物レンズの倍率

解き方　教科書の「光学顕微鏡の構造」の図で，接眼レンズには倍率が ×5，×10，×15 のものがあり，対物レンズには倍率が ×4，×10，×40 のものがある。3種類の接眼レンズを用いたとき，倍率を600倍にするために必要な対物レンズの倍率はそれぞれ，

×5の接眼レンズ：$600 \div 5 = 120$（倍）
×10の接眼レンズ：$600 \div 10 = 60$（倍）
×15の接眼レンズ：$600 \div 15 = 40$（倍）

思考力UP↑
接眼レンズの倍率から600倍にするために必要な対物レンズの倍率をそれぞれ求め，該当する対物レンズがある組み合わせを探す。

答 ×15の接眼レンズと ×40の対物レンズを用いればよい。

教科書 p.14　光量が少ないときや高倍率で観察するときに，凹面鏡を用いる理由を考えよう。

ポイント　高倍率にすると，視野は狭く，暗くなる。

解き方　顕微鏡を高倍率にすると，視野の広さは狭くなり，明るさは暗くなる。凹面鏡には光を集める働きがあるので，光量が少ないときや高倍率で観察するときは，視野に入る光量をふやすために凹面鏡を用いる。

答 凹面鏡には光を集める働きがあるから。

教科書 p.14　先に接眼レンズをはめ，次に対物レンズを取り付ける理由を考えてみよう。

解き方　空気中には目にみえないような小さなゴミが浮かんでいる。対物レンズを先に取り付けると，接眼レンズをはめる前に鏡筒内にゴミが入り，対物レンズにつくおそれがある。それを防ぐために，先に接眼レンズをはめ，次に対物レンズを取り付ける。

答 鏡筒内にゴミが入らないようにするため。

教科書 p.16　封入した試料を観察したら，視野内にゴミがみられた。このゴミが，プレパラート，対物レンズ，接眼レンズのいずれについたものかを判断するためには，どのようにしたらよいだろうか。

解き方　プレパラートを動かして視野内のゴミが移動すれば，プレパラートにゴミがついていたことになる。

　レボルバーを回して別の対物レンズに変えたとき視野内のゴミがなくなれば，対物レンズにゴミがついていたことになる。

　接眼レンズを回したとき，ゴミが接眼レンズを回した向きと同じ向きに移動すれば，接眼レンズにゴミがついていたことになる。

読解力UP↑
「プレパラート，対物レンズ，接眼レンズのいずれに」とあるので，プレパラート，対物レンズ，接眼レンズのそれぞれの場合について説明する。

答 プレパラートの場合：プレパラートを動かし，ゴミが移動するかどうか確かめる。

対物レンズの場合：別の対物レンズに変えるとゴミがなくなるかどうか確かめる。

接眼レンズの場合：接眼レンズを回し，ゴミが接眼レンズを回した向きと同じ向きに移動するかどうか確かめる。

教科書 p.17　試料を対物ミクロメーターの上に直接置いて観察をしない理由を考えてみよう。

ポイント　顕微鏡にはピントの合う深さ(焦点深度)がある。

解き方　試料には厚さがあるので，試料と対物ミクロメーターの目盛りの両方に同時にピントを合わせることは難しい。また，動物性プランクトンのように動き回るものを，対物ミクロメーターの中央にある目盛りの上にのせ，その長さを測定するのは困難である。

答 試料と対物ミクロメーターの目盛りの両方に同時にピントを合わせるのは困難だから。(または，試料を対物ミクロメーターの目盛りの上にのせるのは難しいから。)

教科書 p.26　AI(人工知能)搭載ロボットが，ヒトと同じように動いたり，話したり，考えたりすることができるようになった場合，そのロボットは，生物といえるのだろうか。話し合ってみよう。

ポイント　生物に共通する特徴に当てはまるかどうか考える。

解き方　生物に共通する特徴には次のようなものがある。
・からだが細胞からできている。
・遺伝物質として DNA をもち，生殖によって子をつくる。
・エネルギーを利用する。
　AI 搭載ロボットのからだは細胞からできていない。また，DNA をもっていないし，生殖も行わない。AI 搭載ロボットはエネルギーを使って動くが，利用されるエネルギーは電気エネルギーなどで，栄養分を分解して取り出された化学エネルギーではない。よって，AI 搭載ロボットは生物とはいえない。

答 生物とはいえない。

教科書 p.36　明所・暗所のいずれで育てたものでもはじめのうちは乾燥重量がわずかに減少するが，明所で育てたものではやがて乾燥重量が増加していく。この理由を話し合ってみよう。

ポイント　明所では，発芽すると光合成を行い，有機物を合成する。

解き方　種子が発芽するときに種子に含まれる栄養分を消費するため，はじめのうちは乾燥重量が減少する。その後，明所で育てたものは，光合成によって栄養分のもととなる有機物を新たにつくり，その量が呼吸と植物体の成長によって消費される栄養分よりも多いため，乾燥重量が増加していく。一方，暗所で育てたものは，光合成によって栄養分のもととなる有機物をつくり出すことができないので，乾燥重量が増加することはない。

読解力UP↑

「はじめのうちは乾燥重量が減少する」理由と，「明所で育てたものではやがて乾燥重量が増加していく」理由の両方について説明すること。

答種子に含まれている栄養分が発芽するときに使われるため，はじめのうちは乾燥重量が減少するが，明所で育てたものは発芽後，光合成によって有機物を新たにつくり出すので，やがて乾燥重量が増加していく。

教科書 p.39　一般に，ヒトの細胞 1 個当たりにおいて，ATP は，0.00084 ng（ナノグラム。1 ng＝0.001 μg＝0.000001 mg）しか存在しないが，1 日に消費される量は約 0.83 ng である。どのようにして保持量の約 1000 倍の消費量をまかなっているのだろうか。考えてみよう。

ポイント

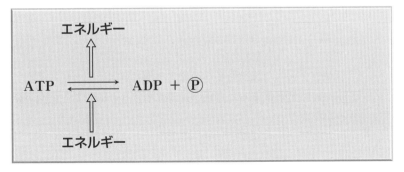

解き方　ヒトの細胞が，保持している量の約 1000 倍もの ATP を消費することができるのは，ATP が分解されて生じた ADP とリン酸から再び ATP が

合成される反応がくり返され，のべ約 0.83 ng の ATP になるからである。
ちなみに，このときに ATP の合成がくり返された回数は，

$0.83\,\mathrm{ng} \div 0.00084\,\mathrm{ng} = 988.0\cdots$

より，988 回である。

思考力UP↑
単に「ATP が合成されるから。」ではなく，ATP の合成の材料になるものについても説明しておく。

答 ATP が分解されても，生じた ADP とリン酸から再び ATP が合成される反応がくり返されるから。

教科書 p.47　この実験において，カタラーゼのくり返し作用を検証するには，どのような操作を行えばよいだろうか。話し合ってみよう。

ポイント　酵素は，基質に作用しても酵素自体は変化しないので，反応が止まっても，新しい基質を加えれば再び反応が起こる。

解き方　くり返し作用とは，1 つの酵素がくり返し基質へ作用し続けることができることである。実験 2 で，カタラーゼを含む肝臓片を加えた試験管 C で，気泡の発生が止まった後にさらに過酸化水素水を加えたときに気泡が発生すれば，カタラーゼにくり返し作用があることがわかる。

思考力UP↑
具体的な操作方法を説明する。「新しい基質を加える。」では十分な説明にならない。

答 肝臓片を入れた試験管 C に過酸化水素水を加えて変化のようすを観察し，気泡の発生が止まったら再び過酸化水素水を加えて，気泡が発生するかどうかを調べる。

章末問題のガイド

教科書 p.50〜51

❶ 生物の多様性と共通性

関連：教科書 p.20〜31

生物の多様性と共通性について，以下の各問いに答えよ。

生物は，長い時間をかけて変化し，世代を経ていくうちに新しい特徴をもった別の種類の生物が生じることがある。この変化を通じて，生物のからだの形や働きは，生活環境に適するようになる。このようにして，地球上には，森林や海などのさまざまな環境に，さまざまな生物が生息するようになったと考えられている。

また，右図は，生物の共通性にもとづいて類縁関係を推測し，生物の系統関係を樹木の形に表現したものである。

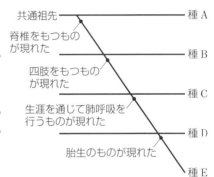

(1)　生物のからだを構成する基本単位は何か。

(2)　生物に共通する特徴を3つ挙げよ。

(3)　下線部のようなことを何というか。

(4)　生物が進化してきた道筋を何というか。

(5)　右図のような図を何というか。

(6)　右図の種Bと種Eで共通している特徴は何か。図から判断できるものを答えよ。

ポイント　(6)では，図のそれぞれの種の共通祖先とその特徴を確認しよう。

解き方　(1)　「細胞からなる」ということは生物に共通する特徴の1つであり，生物は1つの細胞（単細胞生物），または複数の細胞（多細胞生物）からできている。

(2)　「体内の状態を一定の範囲内に保とうとする性質をもつ」「進化する」などと答えてもよい。

(4)　生物が進化してきた道筋を系統といい，生物の進化にもとづく類縁関係を表している。

(5)　系統関係を樹形に表現した図を系統樹という。

(6)　種Aは無脊椎動物，種Bは魚類，種Cは両生類，種Dはハ虫類・鳥類，種Eは哺乳類が当てはまる。

思考力**UP↑**

図で,「種B」の横の線よりも上にある「脊椎をもつもの」が種Bと種Eの共通祖先と考えられる。種Bと種Eは, この共通祖先がもつ特徴を受け継いでいる。

答 (1)　細胞
　　(2)　・からだが細胞からなる。
　　　　・遺伝物質として**DNA**をもち, 生殖によって子をつくる。
　　　　・エネルギーを利用する。
　　(3)　適応　　(4)　系統　　(5)　系統樹　　(6)　脊椎をもつ

❷ 生物の細胞構造　　　　　　　　　　　　関連：教科書 p.30〜33

　生物の細胞構造について, 以下の各問いに答えよ。
(1)　以下に示す構造のうち, 原核細胞にみられる構造をすべて選べ。

細胞膜　　核　　染色体　　ミトコンドリア　　葉緑体　　細胞壁

(2)　(1)で示されている構造のうち, 動物細胞にみられる構造をすべて選べ。
(3)　核, ミトコンドリア, 葉緑体のような, 細胞内にみられる特定の働きをもつ構造体を何というか。
(4)　生物の共通の祖先は, どのような特徴をもっていたと考えられるか。次のア〜ウのうちから適当なものを1つ選べ。

　ア．核をもつ。　　イ　遺伝物質として DNA をもつ。　　ウ．光合成を行う。

ポイント　**教科書で太字になっている言葉は必ず覚えておこう。**

解き方 (1)　生物の細胞には, 核をもたない原核細胞と核をもつ真核細胞があり, いずれも細胞質をもち, その最外層は細胞膜になっている。また, 原核細胞は細胞壁をもつが, その成分は植物細胞とは異なる。

　　(2)(3)　真核細胞の内部にみられる, 核(細胞の働きを調節)やミトコンドリア(呼吸の場), 葉緑体(光合成の場)などの特定の働きをもつ構造体を細胞小器官という。核やミトコンドリアは植物細胞にも動物細胞にもみられるが, 葉緑体は動物細胞にはみられない。また, 動物細胞の液胞は植物細胞ほど発達していない。原核細胞と植物細胞には細胞壁があるが, 動物細胞には細胞壁がない。

(4)　選択肢のうち,「ア. 核をもつ。」は細菌など原核生物には当てはまらない。「ウ. 光合成を行う。」は動物や菌類には当てはまらない。生物の共通の祖先がもっていた特徴には, 次のようなものがある。

・細胞からなる。
・遺伝物質として DNA をもつ。
・エネルギーを利用する。

思考力UP↑

与えられた特徴が細菌, 植物, 動物, 菌類のすべてに当てはまるかどうか考える。

答 (1)　細胞膜, 染色体, 細胞壁
(2)　細胞膜, 核, 染色体, ミトコンドリア
(3)　細胞小器官
(4)　イ

---

❸ 原核細胞と真核細胞の比較　　　関連：教科書 p.32〜33

　下表は, 生物A〜Cの細胞について, 核, 葉緑体, ミトコンドリアの有無を示したものである。

(1)　A〜Cは, 細菌, 植物, 動物のうち, どの生物であると考えられるか。それぞれ答えよ。

(2)　細胞膜および細胞壁は, A〜Cの, どの生物の細胞にみられるか。それぞれについてすべて答えよ。

	A	B	C
核	有	有	無
葉緑体	有	無	無
ミトコンドリア	有	有	無

(3)　イシクラゲ, 大腸菌, オオカナダモのうち, Cと同じ特徴をもつものはどれか。すべて答えよ。

ポイント　原核細胞と真核細胞は核の有無, 植物と動物は葉緑体の有無で見分ける。

解き方　(1)　核がない細胞をもつ生物Cは原核生物の細菌である。核をもつ生物A, Bは真核生物で, 葉緑体がある細胞をもつ生物Aは植物, 葉緑体がない細胞をもつ生物Bは動物である。ミトコンドリアは呼吸の場なので, 植物細胞にも動物細胞にもみられる。

(2)　細胞膜は原核細胞にも真核細胞にもみられる。細胞壁は原核細胞と植物細胞にみられるが，その成分は植物細胞と原核細胞とでは異なる。

(3)　イシクラゲは原核生物のシアノバクテリアの一種で光合成を行うが，葉緑体のような細胞小器官はもたない。呼吸を行う細菌が真核細胞に共生してミトコンドリアの起源になり，植物細胞と動物細胞の起源となる細胞が生じ，その後，一部の細胞にシアノバクテリアがさらに共生して葉緑体の起源となって植物細胞が誕生したと考えられている。

答 (1)　**A：植物，B：動物，C：細菌**

(2)　**細胞膜：A，B，C，細胞壁：A，C**

(3)　**イシクラゲ，大腸菌**

---

❹ 生物とエネルギー

関連：教科書 p.36〜39

生物とエネルギーについて，以下の各問いに答えよ。

(1)　外界から取り入れた単純な物質から，複雑な物質を合成する過程を何というか。

(2)　生体内の複雑な物質を，より単純な物質に分解する過程を何というか。

(3)　(1)，(2)の反応は，エネルギーを吸収する反応か，エネルギーを放出する反応か，それぞれ答えよ。

(4)　右図に示す ATP の構造のア〜ウの名称をそれぞれ答えよ。

(5)　右図のウどうしの結合は何と呼ばれるか。

(6)　エは，何と呼ばれる物質か。

(7)　オ，カの反応は，エネルギーを吸収する反応か，エネルギーを放出する反応か，それぞれ答えよ。

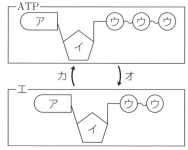

ポイント　ATP＝アデノシン（アデニン＋リボース）＋3分子のリン酸

解き方　(1)〜(3)　エネルギーを吸収して単純な物質から複雑な物質を合成する過程を同化，複雑な物質をより単純な物質に分解してエネルギーを放出する過程を異化という。

思考力UP↑

光合成では光エネルギーを吸収し，呼吸では生命活動に必要なエネルギーを取り出していることから考える。

(4)　ATP は，塩基の一種のアデニン(ア)に糖の一種のリボース(イ)が結合したアデノシンに，3分子のリン酸(ウ)が結合したものである。

(6)　エはアデノシンに2分子のリン酸が結合しているので，ADP である。

(7)　ATP の末端のリン酸が切り離されるとき(オ)はエネルギーが放出される。ADP とリン酸が結合するとき(カ)はエネルギーが吸収される。

答　(1)　同化　　(2)　異化

　　(3)　(1)：エネルギーを吸収する反応，(2)：エネルギーを放出する反応

　　(4)　ア：アデニン　　イ：リボース　　ウ：リン酸

　　(5)　高エネルギーリン酸結合　　(6)　ADP

　　(7)　オ：エネルギーを放出する反応　　カ：エネルギーを吸収する反応

---

❺光合成と呼吸　　　　　　　　　　関連：教科書 p.40～41

　光合成と呼吸について，以下の各問いに答えよ。

(1)　光合成と呼吸の場となる細胞小器官をそれぞれ答えよ。

(2)　次の文章の(　　)に当てはまる語を答えよ。

光合成の過程…(　1　)と(　2　)から炭水化物などの(　3　)がつくられ，その結果，(　4　)が放出される。光合成では，葉緑体によって(　5　)エネルギーが吸収され，このエネルギーによって(　6　)が合成される。(　3　)は，この(　6　)を用いてつくられる。

呼吸の過程……(　4　)を用いてグルコースなどの(　3　)を分解し，このとき放出されるエネルギーを利用して，(　6　)を合成する。呼吸では，(　1　)と(　2　)が発生する。

ポイント　光合成や呼吸では，ATP がエネルギーの通貨になる。

解き方　(1)　光合成では，葉緑体によって光エネルギーが吸収され，ATP がつくられる。呼吸は細胞質基質とミトコンドリアで行われる。

(2) 光合成の反応は，以下のように表される。

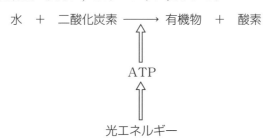

グルコースを用いた呼吸の反応は，以下のように表される。

思考力UP↑

> エネルギーが吸収されると ATP が合成され，エネルギーを放出すると ADP になる。

答 (1) 光合成：**葉緑体**，呼吸：**ミトコンドリア**

(2) **1：水   2：二酸化炭素   3：有機物   4：酸素   5：光**
    6：ATP（1，2は順不同）

---

❻ 代謝と酵素　　　　　　　　　　　　　　　関連：教科書 p.44〜45

　代謝と酵素について，以下の各問いに答えよ。

　代謝は，ふつう，複数の化学反応が組み合わさり，それらが連続して進行している。これらの化学反応には，<u>タンパク質からなる触媒</u>が関わっている。この物質の働きにより，代謝は円滑に進められる。

(1) 下線部の物質を何というか。

(2) (1)の物質が作用する物質を何というか。

(3) 次のア〜ウのうち，(1)の特徴を説明する文として誤っているものを1つ選べ。

　ア．特定の物質のみに作用する。

　イ．1つの(1)が，くり返し(2)に作用する。

　ウ．(1)が物質に作用すると，必ず気体が発生する。

ポイント 触媒自体は化学反応の前後で変化しないので，くり返し作用できる。

解き方 (1)　酵素はタンパク質を主成分とする物質で，触媒として働いて，化学反応を促進する。

(2)　酵素の作用を受ける物質を基質という。

(3)　酵素が特定の物質のみに作用することを基質特異性という。また，1つの酵素がくり返し基質へ作用し続けることをくり返し作用という。アミラーゼやペプシン，リパーゼなどの酵素が物質に作用しても，気体は発生しない。

答 (1)　酵素

(2)　基質

(3)　ウ

知識を活かす

　牛乳を飲むと，牛乳に含まれる乳糖(ラクトース)を消化できず，腹痛などの症状を起こす人もいる。その理由を酵素の働きと関連づけて考えてみよう。

ポイント　特定の基質に作用する酵素は決まっている。

解き方　乳糖はラクターゼと呼ばれる酵素の働きで，グルコースとガラクトースに分解される。ラクターゼが不足していると乳糖を消化・吸収できずに，下痢や腹痛を起こす。

答 乳糖に作用する酵素が不足しているから。

第2章　遺伝子とその働き

教科書の整理

第1節 遺伝子の本体と構造　　　教科書 p.54〜69

1 遺伝情報とDNA

①**遺伝情報**　生物の形質を決め，親から子へ伝えられる情報。遺伝子の本体である**DNA**（デオキシリボ核酸）の構造に含まれる。

②**遺伝子**　染色体に存在し，生物のさまざまな形質を決める。DNAの一部が遺伝子としての働きをもつ。

・**形質**：ヒトの眼の色や植物の花の形など。

・真核生物の染色体：DNAとタンパク質からなり，ふつう，核内で糸状に分散している。細胞分裂の際には凝縮して太く短くなる。

③**DNAの分子構造**　DNAは，ヌクレオチドを基本単位として，ヌクレオチドが多数鎖状につながった物質である。

・**ヌクレオチド**：糖に塩基およびリン酸が結合したもの。

・**糖**：DNAを構成するヌクレオチドの糖は，**デオキシリボース**である。

・**塩基**：DNAを構成するヌクレオチドの塩基は，**アデニン**（A），**チミン**（T），**グアニン**（G），**シトシン**（C）の4種類である。

> **●●もっと詳しく**
>
> 真核生物ではDNAの多くは遺伝子として働かない。原核生物のDNAはほぼすべて遺伝子として働く。

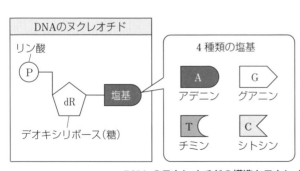

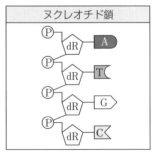

DNAのヌクレオチドの構造とヌクレオチド鎖

・ヌクレオチド鎖：ヌクレオチドどうしが糖とリン酸の間の結合でつながったもの。

・DNA は2本のヌクレオチド鎖からできていて，2本のヌクレオチド鎖は塩基の間で弱く結合している。

④**塩基の相補性**　特定の塩基どうしが対になって結合する性質。

・**塩基対**：特定の塩基どうしの対のこと。

・アデニン(A)はチミン(T)，グアニン(G)はシトシン(C)と対になる。

⑤**二重らせん構造**　DNA がもつ，2本のヌクレオチド鎖が塩基の相補性にもとづいて平行に結合し，全体がねじれたらせん状になる構造。

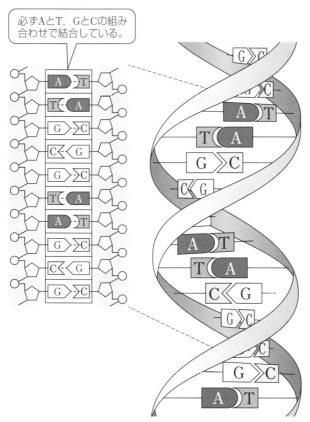

必ずAとT，GとCの組み合わせで結合している。

塩基の相補性と二重らせん構造

教科書の整理　第2章

テストに出る
A−T，G−Cと結合することをしっかり覚えておこう。

教科書 p.57 　**発展** 　**塩基の構造からみる相補性**

　DNA の２本のヌクレオチド鎖の間では，塩基どうしが水素結合によって対を形成している。

- **水素結合**：酸素原子と窒素原子の間を水素原子が仲立ちして生じる弱い結合。
- **水素結合が形成される部分**：それぞれの塩基の分子構造によって決まる。
- **塩基の相補性**：それぞれの塩基の分子構造にもとづくもので，アデニンとチミン，グアニンとシトシンの組み合わせでないと，二重らせん構造が安定しない。

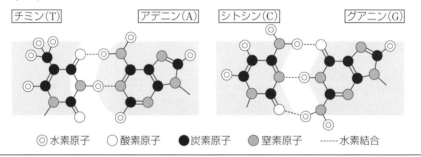

| チミン(T) | アデニン(A) | シトシン(C) | グアニン(G) |

　◎ 水素原子　　○ 酸素原子　　● 炭素原子　　● 窒素原子　　------ 水素結合

⑥**塩基配列**　ヌクレオチド鎖の塩基の並び。

- 塩基配列が遺伝情報となる。
  - →それぞれの遺伝子は塩基の数や配列順序が異なる。
  - →塩基配列がタンパク質の構造に関する情報となる。

教科書 p.59 　**参考** 　**DNA の研究史**

＜遺伝物質としての DNA の発見＞

●グリフィスの実験(1928 年)－肺炎双球菌(肺炎球菌)の形質転換の発見

- 肺炎双球菌：病原性のＳ型菌と非病原性のＲ型菌とがある。

　グリフィスは，加熱して殺したＳ型菌と生きたＲ型菌を混ぜてネズミに注射した。

- →ネズミは肺炎を起こして死に，体内から生きたＳ型菌がみつかった。
- →死んだＳ型菌に含まれる物質がＲ型菌に移り，Ｒ型菌をＳ型菌に変化させた。
- **形質転換**：外部からの物質によって形質が変化する現象。

●エイブリーの実験(1944 年)－形質転換物質の解明

　エイブリーらは，Ｓ型菌の抽出液に含まれるタンパク質や DNA を分解し，形質転換を起こす物質を調べた。

→R型菌が生育する培地にタンパク質を分解したS型菌の抽出液を加えると，形質転換が起こる。

R型菌が生育する培地にDNAを分解したS型菌の抽出液を加えると形質転換が起こらない。

→肺炎双球菌の形質転換は，タンパク質ではなくDNAによって起こることを示唆している。

●ハーシーとチェイスの実験(1952年)－遺伝子の本体がDNAであることの証明

・T_2ファージ：大腸菌に感染するウイルスで，感染すると大腸菌内で速やかに増殖し，菌体を破って多数の子ファージを放出する。頭部の外殻や尾部はタンパク質から構成され，頭部にはDNAが含まれる。

ハーシーとチェイスは，タンパク質またはDNAの存在場所が確認できるように標識した2種類のT_2ファージをつくり，別々に大腸菌に感染させた。

→感染させた大腸菌をミキサーで撹拌し，ファージの外殻を菌体から外した。

→撹拌した液を遠心分離して大腸菌を沈殿させた。

→タンパク質を標識したファージの場合はほとんどの標識が上澄み中から検出された。DNAを標識したファージの場合はほとんどの標識が沈殿物中から検出され，大腸菌から多数の子ファージが現れた。

→大腸菌に感染させたとき，ファージのタンパク質は菌体に入らなかったが，DNAは菌体内に入って遺伝子として働き，子ファージをつくったことを示している。

→遺伝子の本体はDNAであることが証明された。

＜DNAの構造の解明＞

●シャルガフの研究(1949年)－DNAの塩基組成の解明

シャルガフは，いろいろな生物からDNAを抽出し，塩基の数を比べた。

→AとT，GとCの数の比はそれぞれ1:1であることを発見した。

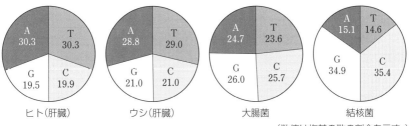

（数値は塩基の数の割合を示す。）

DNAに含まれる塩基の数の割合(%)は，AとTが等しく，GとCが等しい。

●ワトソンとクリックの研究(1953年)－ DNA の分子構造の解明

　ウィルキンスとフランクリンは，DNA の分子に X 線を当てて写真を撮り，DNA 分子は細長い化合物で，らせん構造をしている可能性を示唆した。

　ワトソンとクリックは，DNA を構成するヌクレオチドの塩基は，A は T と，G は C と結合していて，DNA はらせん構造をとっていると考え，1953年，DNA の二重らせん構造のモデルを発表した。

2 DNA の複製と分配

①**細胞分裂と DNA**　体細胞分裂では，DNA は母細胞で複製され，2個の娘細胞に等しく分配される。

・母細胞：細胞分裂前の細胞。

・娘細胞：分裂によって新しく生じた細胞。

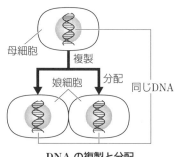

DNA の複製と分配

もっと詳しく

ヒトの場合，体細胞の1つの核のなかに約60億塩基対分の DNA が含まれ，すべての DNA が正確に複製される。

②**半保存的複製**　元の DNA の一方のヌクレオチド鎖がそのまま受け継がれるような複製のしくみ。

→ DNA を構成する2本のヌクレオチド鎖のそれぞれが鋳型となり，この鋳型鎖に対してヌクレオチドが塩基の相補性にもとづいて結合する。

→新しいヌクレオチド鎖の塩基配列は，鋳型鎖の塩基配列によって決定される。

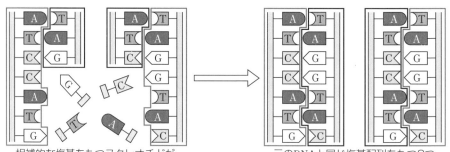

相補的な塩基をもつヌクレオチドが結合する。

元のDNAと同じ塩基配列をもつ2つのDNAが合成される。

□元のヌクレオチド鎖　□新しいヌクレオチド鎖

DNA の複製のしくみ

③**細胞周期**　体細胞分裂をくり返している細胞にみられる，分裂期と間期のくり返し。

・**分裂期(M期)**：細胞分裂を行う時期。前期，中期，後期，終期に分けられる。最初に核が分裂する核分裂が起こり，続いて細胞質が分裂する細胞質分裂が起こる。

・**間期**：分裂期以外の時期。G_1 期 (DNA 合成準備期)，S 期 (DNA 合成期)，G_2 期(分裂準備期)に分けられる。

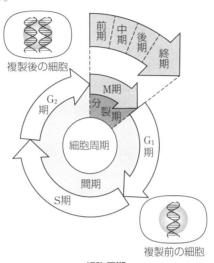

細胞周期

テストに出る

細胞周期＝分裂期(前期＋中期＋後期＋終期)＋間期(G_1 期＋S 期＋G_2 期)と覚えよう。

④**遺伝情報の分配**　間期で複製された DNA は，分裂期を経て娘細胞に等分に分配される。

・中期までは，複製された DNA を含む染色体どうしは互いに接着していて，後期に分かれて細胞の両極へ移動する。

　→複製された DNA が娘細胞に均等に分配される。

細胞周期		細胞分裂のようす
間　期	G_1 期	
	S　期	DNA が複製される。
	G_2 期	S期に複製された DNA それぞれがタンパク質とともに染色体を構成する。
分裂期	前　期	核内に分散していた染色体が凝縮して太く短くひも状になる。
	中　期	染色体がさらに凝縮して太くなり，細胞の中央(赤道面)に並ぶ。
	後　期	複製された染色体が2つに分離し，両極に移動する。
	終　期	染色体が分散し，核膜が形成され，細胞質分裂が起こる。

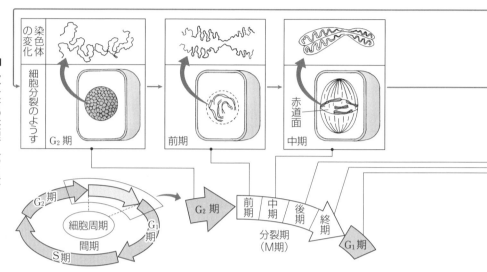

植物細胞の細胞周期における DNA の分配

⑤**細胞質分裂** 終期に起こる細胞質が2つに分かれる分裂。

・植物細胞の場合：赤道面に形成された細胞板が新しい細胞壁などになって，細胞質が二分される。

・動物細胞の場合：赤道付近の細胞膜が中心に向かってくびれ込み，細胞質が二分される。

第❷節 遺伝情報とタンパク質 　教科書 p.70〜87

1 遺伝情報とタンパク質

①**タンパク質** ヒトのからだを構成する物質のなかで，水を除くと脂質とともに多くの割合を占める。

・細胞がつくるタンパク質の働きによって，生物の形態や性質の多くが現れる。

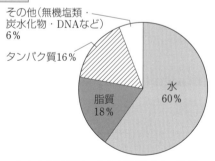

その他（無機塩類・炭水化物・DNAなど）6%
タンパク質16%
水 60%
脂質 18%

ヒト（成人男性）のからだを構成する物質の割合（質量%）

もっと詳しく

細菌や動物，植物などの細胞を構成する物質は共通していて，水が最も多く含まれている。

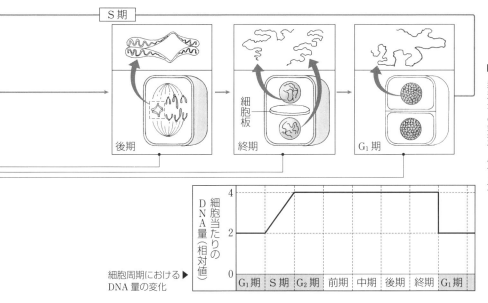

細胞周期における ▶
DNA量の変化

→タンパク質は，遺伝子の遺伝情報にもとづいてつくられる。

→生物の形質は，基本的に遺伝子の遺伝情報によって決まる。

②**生体内のタンパク質**　タンパク質は，生命現象を支える重要な物質で，ヒトの場合，約10万種類のタンパク質がそれぞれ特定の働きをもっている。

　例　抗体として働くタンパク質→病原体からからだを守る。

　　　ヘモグロビンなど赤血球に含まれるタンパク質

　　　→酸素を運搬する。

　　　一部のホルモンや受容体→情報を伝える。

　　　アミラーゼなど酵素の主成分となるタンパク質

　　　→化学反応を促進する。

　　　皮膚や骨の成分となるタンパク質→からだをつくる。

③**タンパク質とアミノ酸**　タンパク質は，アミノ酸が多数鎖状につながってできている。

・**アミノ酸**：生物をつくるアミノ酸には，アルギニンやリシン，バリンなど20種類がある。

・タンパク質の種類は，構成するアミノ酸の種類や配列順序，総数の違いによって決まる。

もっと詳しく
筋肉には，運動に働くアクチンやミオシンなどのタンパク質が含まれる。

教科書 p.72　発展　タンパク質の構造

●**アミノ酸**　１個の炭素原子にアミノ基，カルボキシ基，水素原子および側鎖が結合したもの。タンパク質を構成するアミノ酸は 20 種類あり，それぞれのアミノ酸は側鎖の構造だけが異なっている。

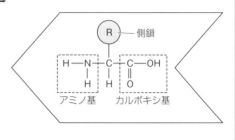

・水になじみやすい親水性の側鎖と水をはじく疎水性の側鎖がある。

・親水性の側鎖をもつアミノ酸には，水に溶けると H^+ を生じて酸性を示すものや，OH^- を生じて塩基性を示すものがある。

・アミノ酸の性質は側鎖の性質によって決まり，アミノ酸の性質にもとづいてタンパク質の立体構造が形成される。

●**ペプチド結合**　アミノ酸どうしの結合。一方のアミノ酸のアミノ基と他方のアミノ酸のカルボキシ基から水１分子が取り除かれて結合する。

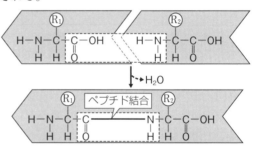

●**タンパク質の立体構造**　タンパク質はポリペプチドからなり，それぞれに特有な立体構造は基本的にアミノ酸の配列順序や総数によって決まっている。

・**ポリペプチド**：多数のアミノ酸がペプチド結合によって鎖状に結合した分子。アミノ酸の側鎖どうしが影響しあって折りたたまれ，特有の立体構造を形成する。

・**一次構造**：ポチペプチドを構成するアミノ酸の配列順序。

・**二次構造**：一次構造にもとづいてポリペプチドがつくる部分的ならせん構造やポリペプチドが平行に並んでつくるシート状の構造。

・**三次構造**：二次構造を形成したポリペプチドがさらに折りたたまれてつくる立体構造。１本のポリペプチドからできているタンパク質は，三次構造によって固有の働きを示す。

・**四次構造**：三次構造を形成したポリペプチドが複数集まってつくる立体構造。

④**遺伝情報とタンパク質**　DNA の遺伝子としての働きをもつ部分の塩基配列には，タンパク質のアミノ酸の配列順序に関する情報が含まれている。

→3つの塩基の並びが1つのアミノ酸に対応している。

→塩基配列にもとづいてタンパク質が合成される。

📖テストに出る
3つの塩基の並びが1つのアミノ酸に対応することをおさえておこう。

教科書の整理　第2章

2 転写と翻訳

① **RNA**（リボ核酸）　DNA の塩基配列を写し取った（転写）RNA の塩基配列をもとにタンパク質のアミノ酸配列が決定される（翻訳）。

② **RNA の構造**

DNA と同じように，ヌクレオチドが鎖状につながってできている。

・糖：**リボース**

・塩基：チミン（T）がなく，**ウラシル**（U）がある。

・1本のヌクレオチド鎖でできている。

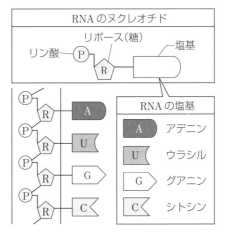

📖テストに出る
DNAとRNAの違いを整理しておこう。

	DNA	RNA
ヌクレオチド鎖の数	2本	1本
糖	デオキシリボース	リボース
塩基の種類	A, T, G, C	A, U, G, C

③ **RNA の種類**　RNA にはいくつかの種類があり，それぞれ異なる働きをもつ。

・**mRNA**（伝令 RNA）：タンパク質のアミノ酸の種類や配列順序・総数を指定するもの。

・**tRNA**（転移 RNA）：アミノ酸と結合し，mRNA へ運搬するもの。

🐾🐾もっと詳しく
タンパク質合成の場となるリボソームを構成するrRNA（リボソームRNA）もある。

mRNA　　　　　　　　　　　　　　　　　　　　　tRNA

mRNA と tRNA

④**転写**　DNA の一方のヌクレオチド鎖の塩基配列を写し取っ
て，mRNA や tRNA が合成される過程。

・DNA の一部で，塩基対間の結合が切れ，部分的に 1 本ずつ
のヌクレオチド鎖になる。

　→一方のヌクレオチド鎖の塩基に，RNA のヌクレオチドの
　　塩基が相補的に結合する（A には U，T には A，G には C，
　　C には G が結合する）。

　→並んだ RNA のヌクレオチドが互いに結合して 1 本の
　　RNA になる。この RNA は鋳型となった DNA と相補的
　　な塩基配列をもつ。

⑤**翻訳**　mRNA の塩基配列に
もとづいてアミノ酸が連結さ
れ，タンパク質が合成される
過程。

・**コドン**：mRNA において，
1 つのアミノ酸を指定する，
3 つの塩基の並び。

・**アンチコドン**：tRNA に含
まれている，コドンに相補的
に結合する 3 つの塩基の並び。

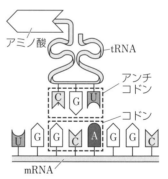

コドンとアンチコドン

・tRNA がそれぞれのアンチコドンに対応した特定のアミノ
酸と結合する。

　→ tRNA によってコドンに対応するアミノ酸が mRNA に
　　運ばれる。

　→ mRNA へ運ばれたアミノ酸はコドンにもとづいて並べら
　　れ，次々に結合してタンパク質がつくられる。

・遺伝子の**発現**：遺伝子の DNA の塩基配列が転写されたり，
タンパク質に翻訳されたりすること。

教科書の整理　第 2 章

📝**テストに出る**
転写の際，A
→U，T→A，
G→C，C→
G と結合する
ことをおさえ
ておこう。

⚠**ここに注意**
DNA の複製
は DNA 全体
で起こるが，
転写では必要
な遺伝子の領
域が RNA に
写し取られる。

⑥**セントラルドグマ** 遺伝情報は，DNA → RNA →タンパク質へと一方向に流れるという原則。

・タンパク質のアミノ酸配列をもとに，RNA や DNA の塩基配列がつくられることはない。

教科書 **p.81** | 発 展 | **転写・翻訳の過程**

真核生物の多くの遺伝子では，エキソンがイントロンに分断されている。

・**エキソン**：アミノ酸配列の情報をもつ部分。

・**イントロン**：アミノ酸配列の情報をもたない部分。

①**転写** 核内で，エキソンとイントロンを含めた塩基配列が転写される。

②**スプライシング** 転写された RNA からイントロンに対応する部分が取り除かれ，残ったエキソンがつなぎ合わされて mRNA がつくられる過程。
→完成した mRNA は細胞質基質へ運ばれる。

③**アミノ酸の運搬** 核内でつくられた mRNA が細胞質基質に運ばれると，リボソームが付着する。細胞質基質中の tRNA は，特定のアミノ酸と結合し，mRNA に付着したリボソームへ運ぶ。

・**rRNA**（リボソーム RNA）：翻訳の場となるリボソームをタンパク質とともに構成している。

④**タンパク質の合成** リボソームは mRNA 上を 3 塩基分ずつ移動し，tRNA によって運ばれてきたアミノ酸がペプチド結合によって順次結合してタンパク質が形成される。

遺伝子を含む転写領域
エキソン／イントロン
DNA
転写
RNA （転写直後）
スプライシング
mRNA
取り除かれたイントロン

3 遺伝子とゲノム

①**ゲノム**　生物が自らを形成・維持するために必要な1組の遺伝情報。

・多くの生物では生殖細胞1個がもつ遺伝情報がゲノムに相当する。

　例　ヒトの場合，生殖細胞に含まれる23本の染色体を構成するDNAの全塩基配列が1組のゲノムである。

　　→ヒトの体細胞の場合には，卵と精子に由来する46本の染色体が含まれているので，2組のゲノムが存在することになる。

②**相同染色体**　受精卵や体細胞に含まれる形や大きさが同じ，2本ずつ対になっている染色体。

・相同染色体は，それぞれ父親と母親に由来する。

　例　ヒトの場合，相同染色体は23対存在する。

もっと詳しく
ゲノムの大きさは塩基対の数で表される。

ここに注意
原核生物では細胞1個がもつ遺伝情報がその原核生物のゲノムに相当する。

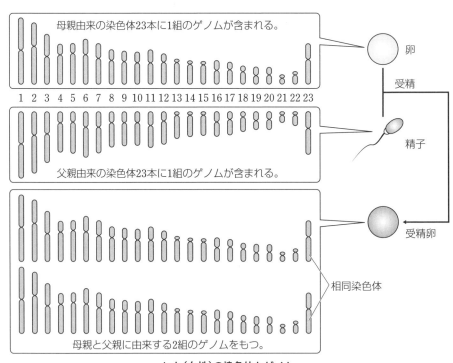

母親由来の染色体23本に1組のゲノムが含まれる。
1 2 3 4 5 6 7 8 9 10 11 12 13 14 15 16 17 18 19 20 21 22 23
父親由来の染色体23本に1組のゲノムが含まれる。
母親と父親に由来する2組のゲノムをもつ。
卵　受精　精子　受精卵　相同染色体

ヒト（女性）の染色体とゲノム

③**ゲノムと遺伝子**　真核生物では，タンパク質に翻訳される部分はゲノムのごく一部であり，ほとんどは翻訳されない。

　例　ヒトのゲノムは約 30 億塩基対からなるが，翻訳される部分は約 4500 万塩基対に相当し，ゲノム全体の約 1.5 ％にすぎない。ここに約 2 万個の遺伝子が存在する。

・原核生物のゲノムではほとんどの部分が翻訳される。

もっと詳しく
原核生物では，DNA が転写されると直ちにタンパク質合成が始まる。

教科書の整理　第2章

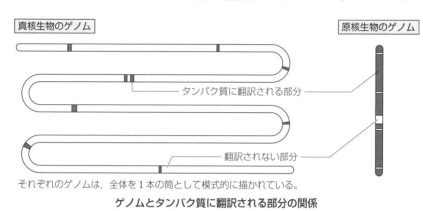

真核生物のゲノム

タンパク質に翻訳される部分

翻訳されない部分

原核生物のゲノム

それぞれのゲノムは，全体を1本の筒として模式的に描かれている。

ゲノムとタンパク質に翻訳される部分の関係

④**からだを構成する細胞とゲノム**　多細胞生物は 1 個の受精卵が体細胞分裂をくり返してできた多数の細胞からなる。

　→受精卵のもつゲノムは複製されて，体細胞分裂を通して，同じものが娘細胞に分配される。

　→個体を構成するすべての細胞は基本的に同じゲノムをもっている。しかし，多細胞生物のからだは特定の形や働きをもったさまざまな種類の細胞からなる。

⑤**細胞の分化**　細胞が特定の形態や機能をもつようになること。

・多細胞生物の体細胞は基本的に同じゲノムをもつにも関わらず，さまざまな細胞に分化しているのは，それぞれの細胞で，すべての遺伝子が発現しているのではなく，発現する遺伝子が異なっているため。

　例　ヒトの場合，ゲノムには約 2 万個の遺伝子が存在しているが，各細胞で遺伝子のすべてが発現しているわけではない。

　→分化した細胞では，細胞の形態の維持や働きに必要な遺伝子がそれぞれ異なっている。

テストに出る
からだを構成するすべての細胞は，同じゲノムをもっていることをおさえる。

インスリン遺伝子→すい臓のランゲルハンス島Ｂ細胞のみ
　で発現。

アルブミン遺伝子→肝臓の細胞のみで発現。

クリスタリン遺伝子→眼の水晶体の細胞のみで発現。

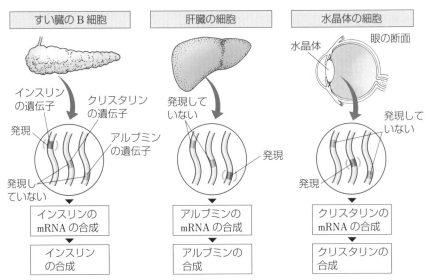

細胞の種類と特定の遺伝子の発現

⑥**だ腺染色体**　ユスリカやキイロショウジ
　ョウバエなどの幼虫のだ腺細胞にみられ
　る巨大な細胞。

　→細胞分裂のときの観察される染色体の
　　約 200 倍の大きさ。

・だ腺染色体には，酢酸カーミン溶液など
　によってよく染まる多数の横じまがみら
　れる。

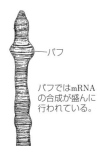

だ腺染色体の一部

　→横じまは，遺伝子の位置を知る目安になる。

⑦**だ腺染色体のパフでの遺伝子発現**　だ腺染色体のパフでは，
　そこに存在する遺伝子が活発に転写されている。

　→パフを調べると，盛んに転写されている遺伝子とそうでは
　　ない遺伝子があることがわかる。

・パフ：だ腺染色体にみられる膨らんだ部分。

もっと詳しく

だ腺染色体は，
核分裂が起こ
らないまま，
DNA の複製
がくり返され
ることで巨大
化する。

観察・資料・演習のガイド

観察・資料・演習のガイド　第2章

教科書 p.56 ✎ **資 料** 4. DNA の塩基どうしの結合にみられる特徴について考えよう

ガイド｜**考察**｜右の図で，右のヌクレオチド鎖と左のヌク
レオチド鎖の塩基どうしの結合をみると，A－
T，T－A，G－C，C－G以外の組み合わせ
はない。

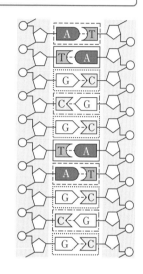

思考力UP↑

AとT，GとCと結合している
ので，結合している塩基の間に
は規則性がみられる。

DNA の 2 本のヌクレオチド鎖の塩基どうし
の結合では，アデニン（A）はチミン（T）と，グ
アニン（G）はシトシン（C）と結合する。

教科書 p.58 ✎ **演 習** 1. DNA の分子モデルを作製してみよう

ガイド｜**方法**｜1．型紙からそれぞれの
ヌクレオチドの列を切り出
し，右の図のように中央の
－・－－ の部分で山折りに
してのりで貼り合わせてか
ら，個々に分ける。

2．ヌクレオチドのリン酸部
分の切れ込みに，他の糖の
部分の切れ込みを差し込ん
でいき，ヌクレオチド 10
個をつないでヌクレオチド
鎖をつくる。

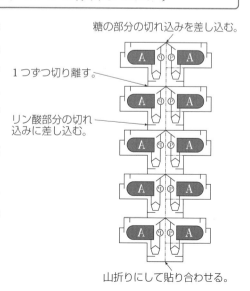

糖の部分の切れ込みを差し込む。

1つずつ切り離す。

リン酸部分の切れ
込みに差し込む。

山折りにして貼り合わせる。

3. 2で作製したヌクレオチド鎖の塩基と相補的に結合する塩基(A→T，T→A，G→C，C→G)をもつヌクレオチドを選んで並べ，並べたヌクレオチドを糖とリン酸の部分でつなぎ，2本目のヌクレオチド鎖をつくる。

例　1本目のヌクレオチド鎖：A T C A G C A G A T

　　　　　　　　　　　　　　↓ ↓ ↓ ↓ ↓ ↓ ↓ ↓ ↓ ↓

　　2本目のヌクレオチド鎖：T A G T C G T C T A

5. 2本のヌクレオチド鎖をつないで二重らせん構造をつくる。

❶　下の図のように，各ヌクレオチドの ┈┈ を90°に山折りにして，相補的な塩基配列をもつヌクレオチドを1組選んで塩基の部分をつなぐ。

糖の部分の切れ込みを差し込む。　Tの斜め上の切れ込みを差し込む。　Aの上の切れ込みに差し込む。　糖の部分の切れ込みを差し込む。

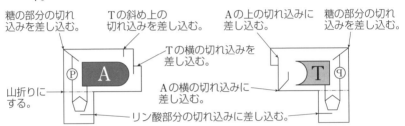

Tの横の切れ込みを差し込む。

山折りにする。

Aの横の切れ込みに差し込む。

リン酸部分の切れ込みに差し込む。

❷　ヌクレオチドを1つ選んでその糖の部分の切れ込みを，❶でつくったものの一方のリン酸部分の切れ込みに差し込む。

❸　差し込んだヌクレオチドと相補的な塩基をもつヌクレオチドの糖の部分の切れ込みを，❷とは反対側のヌクレオチドのリン酸部分の切れ込みに差し込んだのち，塩基どうしをつなぐ。❷，❸をくり返して分子モデルを長くする。

発展課題

DNA のヌクレオチドの塩基には，アデニン(A)，チミン(T)，グアニン(G)，シトシン(C)の4種類がある。同じ塩基を何度使用してもよいとすると，10個のヌクレオチドの塩基それぞれがこの4種類のいずれかと考えられるので，

$4×4×4×4×4×4×4×4×4×4=4^{10}$

$=1048576$

よって，4^{10} 種類(1048576 種類)の塩基配列ができる。

教科書
p.62　/　**資料**　**5. DNA の複製のしくみを考えよう**

ガイド　**考察**　下の図のように，新しくつくられたヌクレオチド鎖３はヌクレオチド
鎖２と同じ塩基配列をもち，ヌクレオチド鎖４はヌクレオチド鎖１と同じ
塩基配列をもっている。

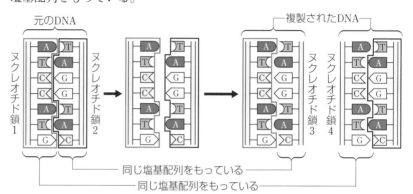

DNA の複製のようす

思考力UP↑

> １本鎖になったヌクレオチド鎖
> に対して，４種類のヌクレオチ
> ドは塩基の相補性にもとづいて
> 結合している。

　解離した２本のヌクレオチド鎖のそれぞれに，塩基の相補性にもとづい
て新たなヌクレオチドが結合していき，新しいヌクレオチド鎖が合成され
るため，元の DNA と同じ塩基配列の DNA がつくられる。

教科書
p.63　/　**演習**　**2. DNA の半保存的複製を再現してみよう**

ガイド　**方法**　２．DNA の分子モデルの２本のヌクレオチド鎖の糖の部分の切れ込
みをリン酸部分の切れ込みに差し込んだところを，セロハンテープで固
定する。

　５．１本ずつのヌクレオチド鎖にしたものの塩基部分に相補的な塩基をも
つヌクレオチドを順番につないでいき，つないだヌクレオチドの糖の部
分と別のヌクレオチドのリン酸部分をつないでいく。

教科書 p.68　○観察　**2. 細胞周期の各時期にかかる時間の推定**

方法 1．固定：タマネギの根を先端から約1cmのところで切り取り，5〜10℃の酢酸に5〜10分間浸す。

→細胞の変化を止め，細胞を生きているときの状態に近い状態で保存するため。

2．解離：固定した根端を約60℃の希塩酸に10〜20秒間浸す。

→細胞どうしの結合をゆるめ，細胞を離れやすくするため。

3．染色：解離した根端の先端から約2mmを残し，酢酸オルセイン溶液を1〜2滴加え，約10分間放置する。

→酢酸オルセイン溶液は染色体を赤紫色に染める。

4．押しつぶし：プレパラートをろ紙の間にはさみ，ろ紙の上から親指で垂直に強く押しつぶす。

→細胞が重なり合わないようにすることで，観察しやすくなる。

結果 右の表は，観察結果の一例を示したものである。

各時期の細胞数とその時間は比例するので，各時期にかかる時間は，以下の式で求められる。

ある時期にかかる時間＝

$$\frac{\text{ある時期の細胞数}}{\text{観察した全細胞数}} \times \text{細胞周期の時間}$$

タマネギの根端では，細胞周期はおよそ22

時 期		細胞数
分裂期	前 期	36 個
	中 期	15 個
	後 期	6 個
	終 期	9 個
間 期		234 個
合 計		300 個

時間であることから，右の表をもとに，各時期にかかる時間は，次のようになる。

前期：$\dfrac{36 (個)}{300 (個)} \times 22 (時間) = 2.64 (時間)$

中期：$\dfrac{15 (個)}{300 (個)} \times 22 (時間) = 1.10 (時間)$

後期：$\dfrac{6 (個)}{300 (個)} \times 22 (時間) = 0.44 (時間)$

終期：$\dfrac{9 (個)}{300 (個)} \times 22 (時間) = 0.66 (時間)$

間期：$\dfrac{234 (個)}{300 (個)} \times 22 (時間) = 17.16 (時間)$

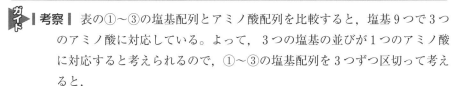

考察 表の①〜③の塩基配列とアミノ酸配列を比較すると，塩基9つで3つのアミノ酸に対応している。よって，3つの塩基の並びが1つのアミノ酸に対応すると考えられるので，①〜③の塩基配列を3つずつ区切って考えると，

① AAA AAA AAA → リシン リシン リシン
② AAA GTG AAA → リシン バリン リシン
③ CGT AAA AAA → アルギニン リシン リシン

思考力UP↑

すべての塩基が使われ，常に一定数の塩基が1つのアミノ酸に対応すると考えると，3つの塩基の並びが1つのアミノ酸に対応すると推測される。よって，対応するDNAの塩基配列は，リシンは「AAA」，バリンは「GTG」，アルギニンは「CGT」である。

DNAの塩基配列で，3つの塩基の並びがタンパク質のアミノ酸配列の1つのアミノ酸に対応している。

演習　**3. mRNAが指定するアミノ酸配列を読み取ってみよう**
教科書 p.78

考察 まず，与えられたmRNAの塩基配列を3つずつ区切る。

AUG GCA GGC AGG UAC GUC

遺伝暗号表から，それぞれの3つの塩基の並び（コドン）に対応するアミノ酸を読み取る。

読解力UP↑

コドンの1番目の塩基を遺伝暗号表の左欄から，2番目の塩基を上欄から，3番目の塩基を右欄から選んで組み合わせると，対応するアミノ酸がわかる。

観察・資料・演習のガイド　第2章

翻訳の開始を指示するコドン：ＡＵＧ（メチオニンを指定するコドンでもある）

翻訳を終止させる役割を担うコドン：ＵＡＡ，ＵＡＧ，ＵＧＡ

　遺伝暗号表から，ＡＵＧ→メチオニン，ＧＣＡ→アラニン，ＧＧＣ→グリシン，ＡＧＧ→アルギニン，ＵＡＣ→チロシン，ＧＵＣ→バリンである。よって，ＡＵＧＧＣＡＧＧＣＡＧＧＵＡＣＧＵＣという塩基配列の一部が指定するアミノ酸配列は，メチオニン－アラニン－グリシン－アルギニン－チロシン－バリン

教科書 p.86　🔍 **観察**　**3. だ腺染色体の観察**

ガイド

┃方法┃ 1．スライドガラスにのせたユスリカの幼虫の頭部を，ピンセットでつまんで消化管を引き抜くと，消化管とともに透明な1対のだ腺が出てくる。これをルーペで確認する。

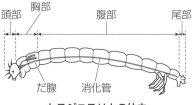
セスジユスリカの幼虫

2．だ腺にピロニン・メチルグリーン溶液（Ｐ－Ｍ液）を滴下して，青緑色に染まった部分にはDNAがあり，赤色に染まった部分にはRNAがある。

┃結果┃ だ腺染色体全体が青緑色に染色され，青いしま模様が観察された。パフの部分は赤色に染色され，特に膨らんで染色体から出ているようにみえる部分が赤く染色されていた。

┃考察┃ パフの部分が赤色に染色されたことから，RNAはパフの部分に多く含まれていて，それ以外の部分は青緑色に染色されたことから，これらの部分にはDNAが含まれているがRNAはあまり含まれていないことがわかる。

　→パフの部分では遺伝子が転写されてRNAが合成されていると考えられる。一方，パフ以外の部分では遺伝子があまり転写されていないことと推測できる。

TRYのガイド

教科書 **p.57**

　ある生物の DNA において，アデニンヌクレオチド（A）の割合が DNA の
ヌクレオチド全体の 30 ％だったとする。このとき，T，G，Cは，それぞれ
どのような割合で存在すると推定できるだろうか。考えてみよう。

ポイント　　**ヌクレオチドの数は，A＝T，G＝C**

解き方　　DNA の 2 本のヌクレオチド鎖では，アデニン（A）はチミン（T）と，グ
アニン（G）はシトシン（C）と結合するので，DNA のヌクレオチド全体に
占めるAとTの割合は等しく，GとCの割合は等しい。

　Aの割合が DNA のヌクレオチド全体の 30 ％だったとすると，Tの割
合も 30 ％になる。残りの $100-(30+30)=40(\%)$ が G＋C の割合となる
ので，GとCの割合はそれぞれ $40\div2=20(\%)$ になる。

答 T：30 ％，G：20 ％，C：20 ％

教科書 **p.65**

　生物や細胞の種類によって，細胞周期の 1 周にかかる時間は異なるのだろ
うか。調べてみよう。

ポイント　　**細胞周期のそれぞれの時期の時間を調べよう。**

解き方　　いろいろな細胞の細胞周期は，次の表のようになる。

	G_1 期	S 期	G_2 期	M 期	計
ヒトの結腸上皮細胞	15.0	20.0	3.0	1.0	39.0
マウスの小腸上皮細胞	9.0	7.5	1.5	1.0	19.0
培養細胞（動物）	8.0	8.0	4.0	2.0	22.0
ヒマワリの根端細胞	3.5	4.0	1.4	1.6	10.5
タマネギの根端細胞	10.0	7.0	3.0	2.0	22.0

単位は時間

答 生物や細胞の種類によって，細胞周期の 1 周にかかる時間は異なる。

TRYのガイド　第２章

教科書
p.76
　　ある遺伝子の DNA の塩基配列(転写の際に鋳型となる鎖)の一部がＴＣＣ ＡＴＴＣＡＧＡＴＡＣＣＣであるとき，これを転写してできる RNA の塩基配列はどのようになるか。また，上記の鋳型鎖と相補的に結合する DNA のヌクレオチド鎖の塩基配列を考え，これと先ほどの RNA の塩基配列を比較してみよう。

ポイント

> **転写では，ＡにはＵ，ＴにはＡ，ＧにはＣ，ＣにはＧが結合。**

解き方　鋳型鎖の塩基配列と転写してできる RNA の塩基配列は，

> ⚠ここに注意
> 転写でAと結合するのは，
> TではなくU。

鋳型鎖の塩基配列　：Ｔ Ｃ Ｃ Ａ Ｔ Ｔ Ｃ Ａ Ｇ Ａ Ｔ Ａ Ｃ Ｃ Ｃ
　　　　　　　　　　↓ ↓ ↓ ↓ ↓ ↓ ↓ ↓ ↓ ↓ ↓ ↓ ↓ ↓ ↓
RNA の塩基配列　：Ａ Ｇ Ｇ <u>Ｕ</u> Ａ Ａ Ｇ <u>Ｕ</u> Ｃ <u>Ｕ</u> Ａ <u>Ｕ</u> Ｇ Ｇ Ｇ

　上記の鋳型鎖と相補的に結合する DNA のヌクレオチド鎖の塩基配列は，次のようになる。

鋳型鎖の塩基配列　　：Ｔ Ｃ Ｃ Ａ Ｔ Ｔ Ｃ Ａ Ｇ Ａ Ｔ Ａ Ｃ Ｃ Ｃ
　　　　　　　　　　　↓ ↓ ↓ ↓ ↓ ↓ ↓ ↓ ↓ ↓ ↓ ↓ ↓ ↓ ↓
もう一方の塩基配列：Ａ Ｇ Ｇ <u>Ｔ</u> Ａ Ａ Ｇ <u>Ｔ</u> Ｃ <u>Ｔ</u> Ａ <u>Ｔ</u> Ｇ Ｇ Ｇ

　鋳型鎖を転写してできる RNA と鋳型鎖と相補的に結合する DNA のヌクレオチド鎖を比べると，鋳型鎖の「Ａ」と結合する塩基が RNA では「Ｕ」であるが，鋳型鎖と相補的に結合する DNA のヌクレオチド鎖では「Ｔ」になっている。

答鋳型鎖を転写してできる **RNA** の塩基配列は，
　　　ＡＧＧＵＡＡＧＵＣＵＡＵＧＧＧ
RNA の塩基配列で「Ｕ」になっているところが鋳型鎖と相補的に結合する **DNA** のヌクレオチド鎖では「Ｔ」になっている。

教科書 p.79　下図のコラーナらの実験結果から，トレオニンとヒスチジンのコドンを推定し，遺伝暗号表で確認してみよう。

解き方　下の図で，①では区切り方を変えても，ＡＣＡとＣＡＣのコドンがくり返されていて，アミノ酸配列ではトレオニンとヒスチジンが交互に並ぶ。②では区切り方によって，ＣＡＡ，ＡＡＣ，ＡＣＡのコドンがそれぞれくり返され，アミノ酸配列ではグルタミン，アスパラギン，トレオニンがそれぞれ並ぶ。よって，①と②に共通するＡＣＡがトレオニンを指定していることがわかる。ヒスチジンのコドンは①で残ったＣＡＣである。

思考力UP↑
下図の①，②の例で共通しているトレオニンのコドンを先に推定する。

	①	②
人工RNA	ＡＣＡＣＡＣＡＣＡＣＡＣＡ	ＣＡＡＣＡＡＣＡＡＣＡＡＣＡＡ
予想された塩基３つずつの区切り方	ＡＣＡ ＣＡＣ ＡＣＡ ＣＡＣ ＡＣＡ	ＣＡＡ・・・・・・
	ＡＣＡ ＣＡＣ ＡＣＡ ＣＡＣ ＡＣＡ	ＡＡＣ・・・・・・
	ＡＣＡ ＣＡＣ ＡＣＡ ＣＡＣ	ＡＣＡ・・・・・・
合成されたタンパク質のアミノ酸配列	トレオニン ヒスチジン トレオニン ヒスチジン トレオニン　トレオニンとヒスチジンが交互に並ぶ。	グルタミン グルタミン グルタミン グルタミン グルタミン／アスパラギン アスパラギン アスパラギン アスパラギン／トレオニン トレオニン トレオニン トレオニン

教科書 p.78 の遺伝暗号表より，トレオニンのコドンはＡＣＵ，ＡＣＣ，ＡＣＡ，ＡＣＧのいずれか，ヒスチジンのコドンはＣＡＵかＣＡＣである。

答　トレオニン：**ＡＣＡ**，ヒスチジン：**ＣＡＣ**

教科書 p.82　ヒトの体細胞の核は平均直径約 10 μm で，そこに含まれる 46 本の DNA をすべてつなぎ合わせると，その長さは約 2 m になる。核の大きさを直径 22 cm のサッカーボールに例えたとき，そこに含まれる DNA をすべてつなぎ合わせると，その長さはどれくらいになるだろうか。計算してみよう。

ポイント　**含まれる DNA の長さは核の体積に比例する。**

解き方　ヒトの体細胞の核の平均直径は $10\ \mu m = 1 \times 10^{-3}$ cm より，体細胞の核の体積は，

$$\frac{4}{3}\pi \times \left(\frac{1\times 10^{-3}}{2}\right)^3 = \frac{\pi \times 10^{-9}}{6}\ (cm^3)$$

> **⚠ここに注意**
> 球の半径を r とすると，
> 球の体積 V は
> $$V = \frac{4}{3}\pi r^3$$
> で求められる。

直径 22 cm のサッカーボールの体積は，

$$\frac{4}{3}\pi \times 11^3 = \frac{4\pi \times 1331}{3}\ (cm^3)$$

含まれる DNA をすべてつなぎ合わせた長さは核の体積に比例するので，核の大きさをサッカーボールに例えたとき，そこに含まれる DNA をすべてつなぎ合わせた長さは，

$$2 \times \frac{4\pi \times 1331}{3} \div \frac{\pi \times 10^{-9}}{6} = 21296 \times 10^9 \fallingdotseq 2.1 \times 10^{13}\ (m)$$

答 2.1×10^{13} m

章末問題・特講のガイド

教科書 p.88〜90

❶ DNA の構造

関連：教科書 p.56〜57

DNA の構造に関する次の文中の(　)に入る適語を答えよ。

DNA は，(1)と呼ばれる物質が多数つながった2本の鎖からできている。(1)は，糖と(2)およびリン酸が結合した物質である。DNA では，糖は(3)であり，(2)には4種類がある。DNA の2本の鎖は，特定の(2)どうしが対となって結合している。これを(2)の(4)性という。すなわちアデニンには(5)，グアニンには(6)が結合する。DNA は，ねじれたらせん状の構造をとっており，これを(7)構造という。

ポイント DNA のヌクレオチド＝塩基(アデニン，チミン，グアニン，シトシン)＋糖(デオキシリボース)＋リン酸

解き方 DNA は，糖に塩基(2)とリン酸が結合したヌクレオチド(1)が多数つながった2本のヌクレオチド鎖からできている。DNA を構成するヌクレオチドの糖はデオキシリボース(3)であり，塩基にはアデニン(A)，チミン(T)，グアニン(G)，シトシン(C)の4種類がある。塩基どうしは，アデニンにはチミン(5)，グアニンにはシトシン(6)が特異的に結合する。これを塩基の相補(4)性という。

DNA の2本のヌクレオチド鎖は塩基を内側にして並び，塩基の相補性にもとづいて平行に結合したはしご状になり，さらにねじれてらせん構造をとる。このような構造を二重らせん(7)構造という。

答 1：ヌクレオチド　2：塩基　3：デオキシリボース　4：相補
5：チミン　6：シトシン　7：二重らせん

❷ 塩基の相補性

関連：教科書 p.56〜57

ある DNA の一方の鎖の塩基配列が「GGTACGGTTACC」であるとき，もう一方の鎖の塩基配列として正しいものを，次のア〜ウのなかから1つ選べ。
ア．GGTACGGTTACC　　イ．CCATGCCAATGG
ウ．CCAUGCCAAUGG

ポイント DNA では，A→T，T→A，G→C，C→Gと結合する。

解き方　　DNAの2本のヌクレオチド鎖の塩基どうしの結合では，アデニン（A）はチミン（T）と，グアニン（G）はシトシン（C）と結合している。よって，2本の鎖の塩基配列は，次のようになる。

一方の鎖　　：G G T A C G G T T A C C

　　　　　　　↓ ↓ ↓ ↓ ↓ ↓ ↓ ↓ ↓ ↓ ↓ ↓

もう一方の鎖：C C A T G C C A A T G G

思考力UP↑

AはT，GはCと対になって結合することから，もう一方のヌクレオチド鎖の塩基を考える。

答 イ

---

❸ DNA の複製　　　　　　　　　　関連：教科書 p.62～63

　次の図（A）のDNAが複製される場合，新しいヌクレオチド鎖の合成方法として正しいものはアとイのどちらか。

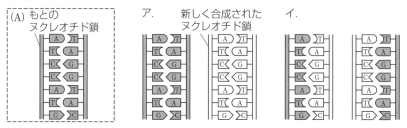

ポイント　元の DNA の一方のヌクレオチド鎖がそのまま受け継がれる。

解き方　　DNAの複製では，DNAの2本のヌクレオチド鎖がそれぞれ鋳型となり，この鋳型鎖に対して，塩基の相補性にもとづいてヌクレオチドが結合する。このため，複製されたDNAには元のDNAの一方のヌクレオチド鎖がそのまま受け継がれている。このような複製のしくみを半保存的複製と呼ぶ。

答 イ

❹ 細胞周期

関連：教科書 p.65

細胞周期について説明した文として正しいものを，次のア～オのなかから１つ選べ。

ア．間期は G_1 期，M 期，G_2 期に分けられる。
イ．分裂期では，細胞質分裂が起きた後，核分裂が起こる。
ウ．S 期には，DNA の量が２倍になる。
エ．S 期は，前期，中期，後期，終期に分けられる。
オ．G_2 期には，DNA 複製の準備が整えられる。

ポイント **細胞周期＝間期（G_1 期＋S 期＋G_2 期）＋分裂期（M期，前期＋中期＋後期＋終期）**

解き方 ア．間期は G_1 期，S期，G_2 期に分けられる。
イ．分裂期では，核分裂が起きた後，細胞質分裂が起こる。
エ．分裂期（M期）は，前期，中期，後期，終期に分けられる。
オ．G_1 期は DNA 合成準備期と呼ばれ，DNA 複製の準備が整えられる。G_2 期は分裂準備期と呼ばれる。

答 ウ

❺ 遺伝物質の構造

関連：教科書 p.56～57，75

遺伝物質の構造に関する次の文のうち，DNA のみに当てはまるものにはA，RNA のみに当てはまるものにはB，両方に当てはまるものにはCを記せ。

ア．糖，塩基，リン酸で構成される。　イ．二重らせん構造をとる。
ウ．構成する塩基に，アデニンを含む。
エ．ヌクレオチドを構成する糖はリボースである。

ポイント

	DNA	RNA
ヌクレオチド鎖	２本	１本
糖	デオキシリボース	リボース
塩基の種類	アデニン，チミン，グアニン，シトシン	アデニン，ウラシル，グアニン，シトシン

解き方　ア．ヌクレオチドは，糖に塩基およびリン酸が結合したものである。ヌク
　　　　レオチドは，DNA と RNA の基本単位である。

　　　　イ．DNA は 2 本のヌクレオチド鎖からなり二重らせん構造をとるが，
　　　　RNA は 1 本鎖である。

　　　　ウ．RNA のヌクレオチドの塩基にはチミン（T）がなくてウラシル（U）が
　　　　ある。それ以外の塩基（アデニン（A），グアニン（G），シトシン（C））は
　　　　DNA と RNA で共通である。

　　　　エ．DNA の糖はデオキシリボース，RNA の糖はリボースである。

答　ア：C，イ：A，ウ：C，エ：B

❻ 遺伝情報とタンパク質　　　　　　　　　関連：教科書 p.70〜74

　タンパク質について説明した文として誤っているものを，次のア〜エのなかか
ら1つ選べ。

ア．タンパク質は，遺伝子の遺伝情報にもとづいてつくられる。

イ．同じ種類のタンパク質でも，アミノ酸の配列順序は合成されるたびに少しず
つ異なる。

ウ．生物の形態の多くは，それぞれの細胞がつくるタンパク質の働きによって現
れる。

エ．酸素を運搬するものや，酵素として働くものなど，さまざまなものがある。

ポイント　タンパク質のアミノ酸配列は DNA の塩基配列によって決まる。

解き方　イ．タンパク質の種類は，そのタンパク質を構成するアミノ酸の種類や配
　　　　列順序，総数の違いなどによって決まるので，配列順序が変わるとタン
　　　　パク質の種類も変わる。

答　イ

❼ **遺伝情報とタンパク質の合成過程**　　　関連：教科書 p.76〜77

遺伝情報とタンパク質の合成過程に関する以下の問いに答えよ。

(1) タンパク質の合成過程を述べた以下の文を，正しい順序に並べ替えよ。
　　ア．RNA のヌクレオチドが結合して 1 本の RNA が合成される。
　　イ．DNA の一部で塩基対間の結合が次々に切れて 1 本鎖になる。
　　ウ．それぞれ特定のアミノ酸と結合した tRNA が，アミノ酸を mRNA へ運ぶ。
　　エ．RNA のヌクレオチドが DNA の塩基に相補的に結合する。
　　オ．アミノ酸が次々に連結され，タンパク質が合成される。
(2) DNA の塩基配列に従って RNA が合成される過程を何というか。
(3) mRNA の塩基配列にもとづいてタンパク質が合成される過程を何というか。
(4) (3)の過程では，mRNA におけるいくつの塩基が 1 つのアミノ酸を指定しているか。また，その塩基の並びを何というか。
(5) (4)の塩基の並びに対応する，tRNA における塩基の並びを何というか。
(6) セントラルドグマと呼ばれる遺伝情報の流れに関する原則はどのようなものであるかを説明せよ。

ポイント　遺伝情報は，DNA→RNA→タンパク質と一方向に流れる。

解き方 (1) 転写(イ→エ→ア)→翻訳(ウ→オ)の順に並べる。
(4) 塩基は 4 種類あるため，塩基 3 つの並び方は全部で 64 通り($4×4×4＝64$)になるので，タンパク質に含まれる 20 種類あるアミノ酸を指定するのに十分な数である。

答 (1) イ→エ→ア→ウ→オ
(2) 転写
(3) 翻訳
(4) 3つ，コドン
(5) アンチコドン
(6) 生物において，遺伝情報は，DNA→RNA→タンパク質へと一方向に流れるという原則。

章末問題・特講のガイド　第2章

❽ 細胞の分化と遺伝子の発現

関連：教科書 p.84~85

多細胞生物の個体を構成する各細胞が，特定の形態や働きをもつ理由として正しいものを，次のア~エのなかから1つ選べ。

ア．特定の働きをもつ細胞は，ゲノム以外の遺伝子をもっているため。

イ．各細胞は，もっているゲノムが異なっているため。

ウ．細胞によって発現する遺伝子が異なっているため。

エ．発現する遺伝子は同じだが，細胞によって分解されるタンパク質が異なるため。

ポイント▶ それぞれの細胞で発現する遺伝子が異なっている。

解き方▶ ア．ゲノム内の特定の働きに必要な遺伝子が発現している。

イ．個体を構成するすべての細胞は基本的に同じゲノムをもつ。

エ．発現する遺伝子が同じなら，同じタンパク質が合成される。

答 ウ

❾ 遺伝子とゲノム

関連：教科書 p.82~83

遺伝子，DNA，染色体，ゲノムに関する次のア~エの文のうち，正しいものをすべて選べ。

ア．ゲノムは，タンパク質に翻訳される DNA の塩基配列のみからなる。

イ．原核生物は核をもたないため，原核生物にゲノムは存在しない。

ウ．DNA は遺伝子の本体であり，その一部に遺伝子として働く部分が存在する。

エ．ヒトのゲノムを構成する染色体中に，約2万個の遺伝子が含まれる。

ポイント▶ 個体を構成する細胞は，基本的に同じゲノムをもつ。

解き方▶ ア．真核生物では，タンパク質に翻訳される部分はごく一部で，ヒトの場合，全体の約 1.5 %にすぎない。

イ．原核生物の細胞にはふつう DNA は1本しかなく，細胞質基質に局在している。この DNA の遺伝情報がゲノムに相当し，ほとんどの部分が翻訳される。

答 ウ，エ

知識を活かす

　ヒトが豚肉を食べても，体内において，細胞にブタのタンパク質が存在することはなく，ヒトのタンパク質につくりかえられる。その理由を考えてみよう。

ポイント　タンパク質は消化されてアミノ酸になり，再びタンパク質に合成される。

解き方　　豚肉を食べると，そのタンパク質はさまざまな消化酵素の働きで消化されてアミノ酸になり，小腸の柔毛の毛細血管に入り，からだの各部の細胞に送られ，必要なタンパク質に合成される。

答　ブタのタンパク質は消化されてアミノ酸になり，そのアミノ酸を使って必要なタンパク質が合成されるから。

特講　細胞周期に関するグラフを読み取ろう　　　　　　関連：教科書 p.65, 68〜69

Step 1　グラフの軸を確認しよう

　このグラフにおいて，実験者が設定したり変化させたりした要素は何か。

Step 2　グラフの形から考えよう

　培養開始から 120 時間後頃から，それまで直線的に右肩上がりだったグラフが，横軸にほぼ平行になっている。120 時間後頃以降，細胞増殖はどのようになったと考えられるか。

Step 3　グラフの数値を読み取ろう

(1)　培養開始から 30 時間後の培養液 1 mL 当たりの細胞数はいくらか。

(2)　(1)の細胞数が倍になるのに，30 時間後から何時間かかっているか。

(3)　(2)の時点の細胞数がさらに倍になるには，(2)の時点から何時間かかっているか。

Challenge　グラフをもとに考えよう

　Step 3 から，この動物細胞における細胞周期の 1 周にかかる時間はおよそ何時間であると考えられるか。また，培養開始から 50 時間後に細胞の一部を採取し，細胞周期の時期を確認したところ，全体の 10 ％がM期の細胞であった。このとき，M期にかかる時間はおよそ何時間であると考えられるか。

ポイント　細胞数が倍になるのにかかる時間＝細胞周期の 1 周にかかる時間

解き方 Step 1　ふつう，実験者が設定したり変化させたりする要素を横軸に，その要素によって変化すると考えられる要素(＝実験者が測定する要素)を縦軸にとる。

Step 2　グラフが右上がりになっているところは細胞数が増加しているので，細胞が増殖していることがわかる。一方，グラフがほぼ平行になっているところでは細胞数がほぼ変化していないので，細胞がほとんど増殖していないことがわかる。

Step 3　(1)　右のグラフで，培養時間が30時間後の培養液中の細胞数を読み取ると $5×10^5$ 個/mL になる。

(2)　(1)の細胞数が倍になると，細胞数は $5×10^5×2＝1×10^6$(個/mL)になる。

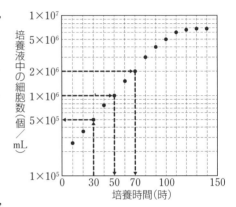

培養液中の細胞数が $1×10^6$ 個/mL になる培養時間をグラフから読み取ると50時間より，倍になるのにかかった時間は，
50－30＝20(時間)

(3)　(2)の細胞数が倍になると，細胞数は $1×10^6×2＝2×10^6$(個/mL)になる。

　　培養液中の細胞数が $2×10^6$ 個/mL になる培養時間をグラフから読み取ると70時間より，倍になるのにかかった時間は，70－50＝20(時間)

Challenge　細胞が1回分裂すると細胞数は2倍になる。Step 3(2)(3)より，培養液の細胞数が2倍になる時間は20時間なので，細胞周期の1周にかかる時間は20時間になる。各時期の細胞数とその時期にかかる時間は比例することから，全体の10%がM期の細胞なので，M期にかかる時間は，$20×\dfrac{10}{100}＝2$(時間)

答 Step 1　培養時間

Step 2　止まったと考えられる。

Step 3　(1)　**$5×10^5$ 個**　　(2)　**20時間**　　(3)　**20時間**

Challenge　細胞周期の1周にかかる時間：**20時間**

M期にかかる時間：**2時間**

第2編 ヒトのからだの調節

第3章 ヒトのからだの調節

教科書の整理

第①節 情報の伝達と体内環境の維持　教科書 p.94〜115

1 恒常性と神経系

①**体液**　からだをつくる細胞を浸している組織液などの液体。

②**体内環境**　細胞にとっての環境である体液。

・外部環境：からだを取り巻く環境。

③**恒常性（ホメオスタシス）**　さまざまな器官の働きによって，体内の状態をほぼ一定に保って生命を維持する性質。

・ヒトのからだは，外部環境の変化による影響を絶えず受けている。

→さまざまな器官の働きによって，イオン，酸素，グルコースなどの濃度や体温などは，意思とは無関係に一定の範囲内に保たれている。

→からだを構成する細胞や組織は安定して活動を営むことができる。

> **⚠ ここに注意**
> 単細胞生物は外部環境と直接物質のやりとりを行うが，多細胞生物の動物は体液を仲立ちとする。

ヒトの恒常性（気温が変化したときの例）

教科書の整理　第3章

教科書 p.95 参考　**体液**

　脊椎動物の体液は，血液，組織液，リンパ液に分けられる。

- **血液**：血管内を流れる。
- **組織液**：組織の細胞に直接触れている。
- **リンパ液**：リンパ管内を流れる。
- **体液の循環**：血液は心臓から押し出され，動脈を通って毛細血管に入る。血液の液体成分である血しょうの一部は，毛細血管からしみ出して組織液になる。
  - →組織液の大部分は毛細血管に戻るが，一部はリンパ管に入ってリンパ液になる。

毛細血管　組織　毛細リンパ管

血しょう　組織液　リンパ液

赤血球　血小板　白血球

④**体内における情報の伝達**　組織や器官の間では，常にさまざまな情報の受け渡しが行われる。受け渡された情報によって器官や組織は協調し合って働いている。

例　脚の筋肉の運動と情報の伝達

　脚を動かす運動によって，脚の筋肉の細胞における呼吸が盛んになる。

- →血液中の酸素濃度が低くなり，二酸化炭素濃度が高くなる。
- →酸素と二酸化炭素の濃度変化が情報として脳に伝わる。
- →情報を受けとった脳は，心臓の拍動を促進する情報を心臓に送る。
- →心拍数が増加し，組織に送られる時間当たりの血流量が大きくなる。
- →脚の筋肉の細胞へ供給される酸素量がふえる。
- →運動を終えると，拍動を抑える情報が心臓に送られ，心拍数は元に戻る。

- 体内における情報の伝達は，体内環境の維持に深く関わっている。
- 恒常性に関わる情報を伝達するしくみには，自律神経系と内分泌系がある。

もっと詳しく
心拍数が増加するだけでなく，血圧も上昇する。

⑤**神経系** **神経細胞(ニューロン)**などで構成される器官の総称。外部環境から得た情報を処理したり，組織や器官へ情報を伝達したりする役割を担う。

・ヒトの神経系は中枢神経系と末梢神経系とに分けられる。

・**中枢神経系**：脳と脊髄からなる。

・**末梢神経系**：体性神経系と**自律神経系(交感神経**と**副交感神経)**とに分けられる。

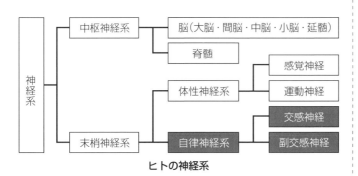

ヒトの神経系

もっと詳しく
体性神経系は感覚器官や運動器官を支配し，反射や随意運動に関わる。

教科書の整理 第3章

⑥**脳幹** 間脳，中脳，延髄などからなる。恒常性に関わり，意思とは無関係に器官の働きを調節するなどして，生命維持の中枢として重要な働きを担う。

・脳：大脳，小脳，脳幹に分けられ，それぞれ中枢として異なる働きを担っている。

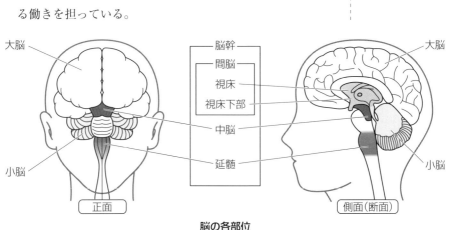

脳の各部位

脳幹	間脳	視床	ほとんどの感覚器官の中継点となる。
		視床下部	自律神経系と脳下垂体を調節し，体温や血糖濃度などを調節する中枢が存在する。
	中脳		姿勢の保持や瞳孔の大きさを調節する中枢が存在する。
	延髄		呼吸運動や心臓の拍動，消化管運動，だ液分泌などを調節する中枢が存在する。
大脳			感覚や随意運動，記憶，思考，感情などの中枢が存在する。
小脳			からだの平衡を保つ中枢が存在する。

脳の各部位の働き

⑦**自律神経系**　間脳の**視床下部**などに支配され，意思とは無関係に働く。

・自律神経には交感神経と副交感神経があり，同じ器官に分布していることが多く，互いに反対の作用(きっ抗作用)を現して，器官の働きを調節する。

　活動時や緊張した状態…交感神経の働きが優位になる。

　安静な状態…副交感神経の働きが優位になる。

・交感神経：脊髄から出る。

・副交感神経：中脳や延髄，脊髄の下部から出る。

> **テストに出る**
> 交感神経は活動時や緊張したとき，副交感神経は安静な状態で働くことをおさえよう。

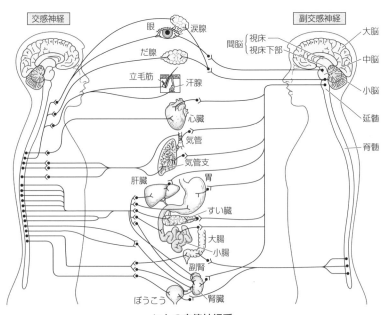

ヒトの自律神経系

分布 器官	眼 (瞳孔)	皮膚 (立毛筋)	皮膚 (血管)	心臓 (拍動)	気管支	胃 (ぜん動)	副腎髄質 (ホルモン分泌)	ぼうこう (排尿)
交感 神経	拡大	収縮	収縮	促進	拡張	抑制	促進	抑制
副交感 神経	縮小	分布して いない	分布して いない	抑制	収縮	促進	分布して いない	促進

ヒトの自律神経系の働き

⑧**自律神経系による心臓の拍動調節のしくみ**　脳から心臓まで
の情報の伝達は，自律神経系が行っている。

・運動に伴う血液中の二酸化炭素の濃度変化は，脳の延髄にあ
る拍動中枢に伝わる。

　　→拍動中枢からは，拍動を促進，あるいは抑制する命令が心
　　　臓に出される。

　　→拍動を促進する場合は交感神経，抑制する場合は副交感神
　　　経が優位に働く。

もっと詳しく
延髄は，心臓
の拍動以外に
呼吸運動や血
管の収縮，消
化液の分泌な
ども調節する。

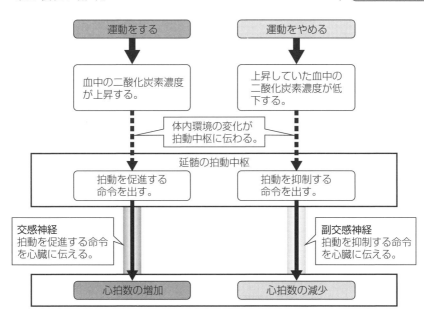

運動に伴う心臓の拍動調節の過程

・**ペースメーカー**：大静脈と右心房の境界付近にある，自律的
　に周期的な信号を発する特別な細胞が集まった部分。この部
　分から，心臓全体に拍動の周期を維持する信号が出る。

教科書の整理　第３章

教科書の整理　第３章

・交感神経と副交感神経はペースメーカーに作用し，心臓の拍動調節を行う。

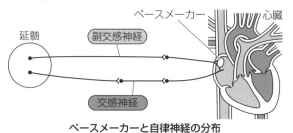

ペースメーカーと自律神経の分布

教科書
p.101　発展　**副交感神経による心臓の拍動調節**

　20世紀初頭，レーウィは，取り出した２つのカエルの心臓の一方からもう一方へとリンガー液を送る装置をつくった。

　心臓Ｉにつながる副交感神経を電気で刺激すると，心臓Ｉの心拍数が減少した。

→少し遅れて副交感神経のつながっていない心臓Ⅱの心拍数も減少した。

→心臓Ｉの副交感神経から情報を伝達する物質が分泌され，リンガー液を介して心臓Ⅱにも作用したためと考えられた。

→その後，副交感神経から分泌される物質は，**アセチルコリン**であることが明らかになった。

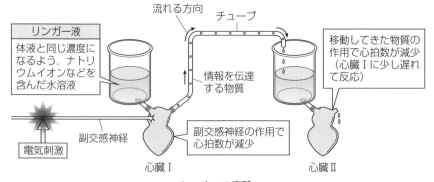

レーウィの実験

　副交感神経の末端からはアセチルコリン，交感神経の末端からは**ノルアドレナリン**が分泌される。

・**シナプス**：ニューロンの末端が他のニューロンや細胞に接しているわずかな隙間。アセチルコリンなどはこの隙間に放出される。

・**神経伝達物質**：ニューロンの末端から分泌され，隣接する細胞に情報を伝達する物質。ニューロンで合成され，自律神経から作用器官へ情報を伝達する。

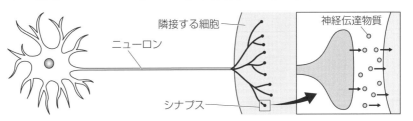

2 恒常性と内分泌系

①**内分泌系**　血液中に分泌されるホルモンによって細胞間の情報伝達を行うしくみ。これに関わる組織や器官などからなる。

・**ホルモン**：**内分泌腺**と呼ばれる器官や組織の内分泌細胞から血液中に分泌され，血液を介して特定の器官や組織の細胞に作用する。

・**標的器官**：ホルモンが作用する器官。標的細胞が存在する。

・**標的細胞**：特定のホルモンと結合する**受容体**をもつ細胞。受容体にホルモンが結合すると，特定の反応が起こる。

> **もっと詳しく**
> 内分泌腺には視床下部や脳下垂体，甲状腺，副甲状腺，ランゲルハンス島，副腎などがある。

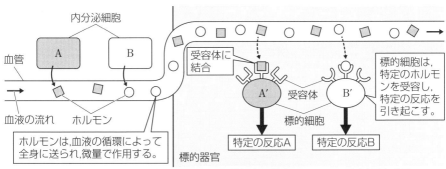

血中にさまざまなホルモンが存在しても，標的細胞は特定のホルモンにだけ反応する。

ホルモンと標的細胞

②**外分泌腺**　血液中にホルモンを分泌する内分泌腺に対して，汗や消化液など，からだの表面や消化管内へ分泌物を分泌する腺。内分泌腺には排出管はないが，外分泌腺は排出管を通して体外に分泌物を放出する。

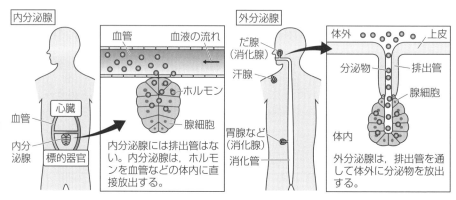

内分泌腺と外分泌腺

③**神経分泌細胞**　脳の神経細胞のなかで，ホルモンを分泌する
もの。

・**神経分泌**：神経分泌細胞からのホルモン分泌。

　例　間脳の視床下部にある神経分泌細胞…脳下垂体前葉に作
　　用する放出ホルモンや放出抑制ホルモンなどを分泌。
　　間脳の視床下部から脳下垂体後葉まで伸びた神経分泌細胞
　　…バソプレシンなどを生成して分泌。

> **もっと詳しく**
> バソプレシン
> は腎臓の集合
> 管での水の再
> 吸収を促進。

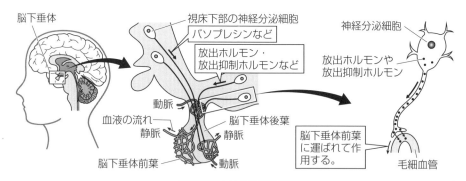

視床下部と神経分泌細胞

④**フィードバック**　一連の反応で，最終的につくられた物質や
生じた結果が反応の前の段階(原因)にさかのぼって作用する
しくみ。

・**負のフィードバック**：作用が抑制的に働く場合。ホルモン分
泌を調節する一般的なしくみである。

・チロキシン…甲状腺から分泌され，代謝を促進させる働きをもつホルモン。

　例　チロキシンの分泌調節：負のフィードバックによって分泌量が調節されている。

　　血液中のチロキシン量が不足する。

　　→間脳の視床下部から甲状腺刺激ホルモン放出ホルモンが分泌される。

　　→脳下垂体前葉から甲状腺刺激ホルモンが分泌される。

　　→甲状腺からのチロキシンの分泌が促進される。

　　→分泌されたチロキシンは標的細胞に作用するとともに，間脳の視床下部や脳下垂体前葉にも作用して，甲状腺刺激ホルモン放出ホルモンや甲状腺刺激ホルモンの分泌を抑制する。

　　⇒血液中のチロキシンの量が多くなると，負のフィードバックによる分泌調節によって，血液中のチロキシンの量が減少する。

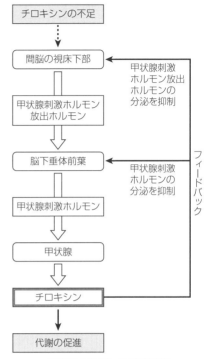

甲状腺ホルモンの分泌調節

⑤自律神経系と内分泌系の働き方の違い

・自律神経系による調節：情報が直接組織や器官に伝えられる。
　→反応が起こるまでの時間が短い。

・内分泌系による調節：ホルモンが血流によって標的器官に運ばれる。
　→反応が起こるまでに比較的に時間を要する。一方，血液中にホルモンが存在している間は反応が続く。

自律神経系	内分泌系
神経が直接組織や器官に伝える。	血流によって標的器官にホルモンを運ぶ。
すばやい作用	ゆっくりした作用
効果は短時間	効果は持続的

自律神経系と内分泌系の情報の伝達による特徴の違い

例　運動時や緊張しているときには，交感神経が働いて心臓の拍動を促進させるとともに，副腎髄質からアドレナリンが分泌される。

アドレナリン：心臓の拍動数を増加させる働きをもつホルモン。

→運動や緊張した状況から解放され，激しい拍動がおさまっても，アドレナリンが血液中に存在する。

→数分間は安静時よりも心拍数が多い状態が続く。

3 体内環境を調節するしくみ

①**血糖濃度の調節**　細胞は，エネルギー源として糖などを利用し，多くの場合，グルコースが利用される。

→動物の細胞が必要とするグルコースは血液から供給されている。

・**血糖**：血液に含まれるグルコース。健康なヒトにおける空腹時の血糖濃度は，血液 100 mL 当たり約 100 mg（質量％で 0.1 ％）である。

・脳の細胞は，特にグルコースを多量に消費している。

→血糖濃度が通常の値よりも大幅に低い状態が続くと，意識の消失などの症状が生じる。

→血糖濃度を一定の範囲に保つことは，生命の維持にとって重要である。

②**高血糖時に働くホルモン**　高血糖時にはすい臓のランゲルハンス島B細胞から分泌されるインスリンが働く。

・**インスリン**：グルコースの細胞内への取り込みや呼吸によるグルコースの分解を促進するとともに，肝臓や筋肉におけるグリコーゲンの合成を促進する。

→血糖濃度が低下する。

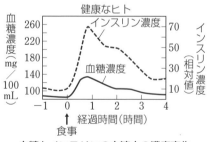

血糖とインスリンの血液中の濃度変化

③低血糖時に働くホルモン

・**グルカゴン**：すい臓のランゲルハンス島A細胞から分泌され，肝臓でのグリコーゲンの分解を促進する。

→生じたグルコースは血液中に放出され，血糖濃度が上昇する。

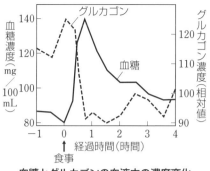

血糖とグルカゴンの血液中の濃度変化

もっと詳しく

低血糖は生命の危機に直接つながるので，いくつものしくみが働いている。

・アドレナリン：副腎髄質から分泌され，肝臓でのグリコーゲンの分解を促進する。

・糖質コルチコイド：極度の低血糖が続くと，脳下垂体前葉から副腎皮質刺激ホルモンが分泌される。それにより，副腎皮質から糖質コルチコイドが分泌され，タンパク質を糖に変える働きを促進する。

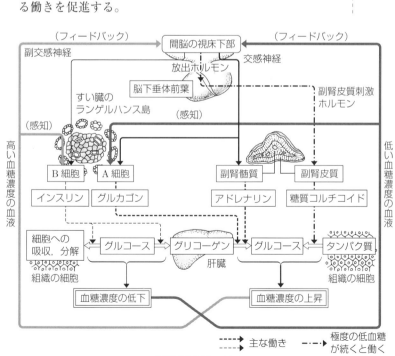

血糖濃度調節の流れ

④血糖濃度調節のしくみ

・血糖濃度の変化：すい臓のランゲルハンス島のほか，間脳の視床下部でも感知される。

・視床下部：自律神経系や内分泌系の最高中枢である。
　→血糖濃度は内分泌系と自律神経系によって調節されている。

・自律神経系：内分泌系に働きかけてホルモン分泌を調節することによって血糖濃度の調節に関わっている。

・血糖濃度の調節に関わるホルモン分泌にはフィードバック調節がみられ，これにより，血糖濃度は一定の範囲内に維持されている。

> **📝テストに出る**
> 低血糖では交感神経，高血糖では副交感神経が働くことをおさえておく。

⑤糖尿病

血糖濃度の高い状態が続く病気。グルコースはふつう尿中に排出されることはないが，血糖濃度が一定値以上になると，尿中に排出されるようになる。

・糖尿病の合併症：高血糖の状態が長時間続くと，血管が傷ついて網膜や腎臓などの組織が障害を受けたり，動脈硬化によって心筋梗塞や脳梗塞などが引き起こされたりする。

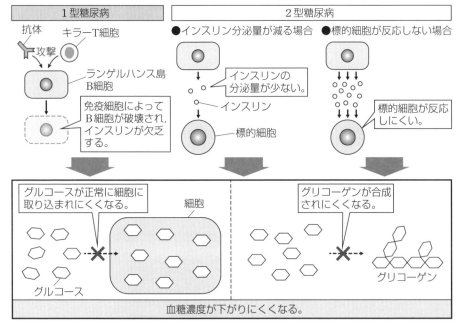

糖尿病の原因と症状

- 1型糖尿病：ランゲルハンス島B細胞が破壊される自己免疫疾患（自己の成分に対する免疫反応が起こり，組織の障害や機能障害が起こる疾患）で，インスリンが分泌されなくなって起こる。
- 2型糖尿病：ランゲルハンス島B細胞の破壊以外の原因でインスリンの分泌量が減少したり，インスリンが分泌されても標的細胞が反応しにくくなったりして起こる。
  2型糖尿病の治療法…インスリンの投与に加えて，食事や運動などの生活習慣の見直しが大切である。

⑥**体温の調節**　体温調節に関与する自律神経系と内分泌系の働きによって起こる。
- 体温調節の中枢：間脳の視床下部にある。

⑦**体温が低下した場合の調節**　皮膚や血液の温度の低下を間脳視床下部が感知する。
- 交感神経の働きによって皮膚の血管が収縮して放熱が抑制される。
- 副腎髄質からアドレナリン，甲状腺からチロキシンが分泌される。
  →代謝が盛んになり，熱産生量が増加する。アドレナリンには心臓の拍動を促進することで，血流量を増加させ，温められた血液を全身に運ぶのを助ける働きもある。

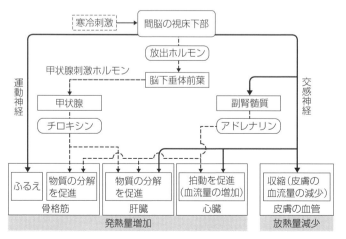

体温が低下した場合の調節

⚠ここに注意

寒いときは交感神経が働くが，汗腺を刺激する交感神経は働かず，発汗されないので，放熱が抑制される。

🐾もっと詳しく

羽毛をもつ鳥類や毛の多い哺乳類では，立毛筋の収縮によっても放熱量の減少がみられる。

⑧**体温が上昇した場合の調節**　間脳の視床下部が体温の上昇を
感知する。

・副交感神経が働いて心臓の拍動数が減少したり，肝臓での代
謝が抑制されたりする。

　→発熱量が減少する。

・交感神経の働きが抑制される。

　→体表の血管が拡張する。

　→放熱量が増加する。

・汗腺に分布する交感神経によって発汗が促進される。

　→汗は，蒸発するときに体表の熱を奪う。

　→放熱量が増加する。

⚠**ここに注意**
副交感神経は，体表の血管には分布していない。

4 血液凝固

①**血液の働きと成分**　細胞成分である**血球**と液体成分である**血
しょう**からなる。

	大きさ(直径 μm)	数(個/μL)	機　能
赤血球	7〜8	380万〜570万	血液の運搬
白血球	6〜15	4000〜9000	免　疫
血小板	2〜4	15万〜40万	血液凝固

ヒトの血液の細胞成分とその働き

・**血しょう**：タンパク質やホルモン，グルコース，二酸化炭素，
血球の運搬に関わる。

・出生後，すべての血球は，骨の内部の骨髄に存在する造血幹
細胞からつくられる。

②**血液凝固**：血管が損傷し，出血しても，傷が小さければ自然
に出血が止まる現象のこと。

③**血液凝固のしくみ**　血液凝固は，失血を防ぐことによって体
内環境の維持に関わっている。

・血管が損傷して，出血する。

　→血管の破れたところに**血小板**が集まってかたまりをつくる。

　→血小板からの凝固因子と，血しょう中の別の凝固因子の働
　　きで，**フィブリン**と呼ばれる繊維状のタンパク質の形成が
　　促進される。

🐾**もっと詳しく**
ヒトの場合，血液は体重の約13分の1を占める。

🐾**もっと詳しく**
赤血球は核だけでなく，ミトコンドリアももたない。

→フィブリンは網状につながって血球を絡め，**血ぺい**をつくる。血ぺいが傷口をふさぐと，出血が止まる。

→血ぺいによって止血されている間に，血管が修復される。

・**線溶（フィブリン溶解）**：血管が修復される頃，血ぺいがフィブリンを分解する酵素の働きによって溶解されること。

・**血清**：採取した血液を試験管などに入れ，静置した場合にみられる淡黄色の液体。このとき，血ぺいは沈殿する。

> **⚠️ここに注意**
> 血清と血しょうは別のもの。

第❷節 免 疫

教科書 **p.116～139**

1 生体防御

①**病原体**　体内に侵入し，病気を引き起こすウイルスや細菌，カビや寄生虫など。

・**感染症**：病原体によって引き起こされる病気。

②**病原体の体内への侵入を物理的・化学的に防ぐしくみ**　皮膚や気管の粘膜など外界と接する部分には，物理的・化学的な方法によって病原体の侵入を防ぐしくみがある。

・**物理的な防御**

皮膚…表面が角質層でおおわれ，物理的に病原体の侵入を防いでいる。

> **👀もっと詳しく**
> 角質層には体内の水分が蒸発するのを防ぐ働きもある。

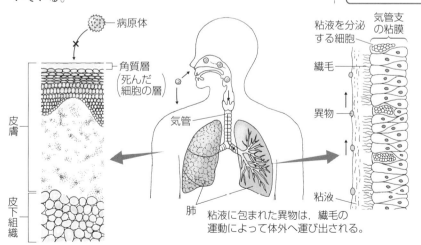

物理的な防御

気管や消化管などの粘膜…粘液を分泌して病原体が細胞に付
　着するのを防ぐ。

・化学的な防御

皮膚や粘膜上皮	細胞の細胞膜を破壊するディフェンシンというタンパク質を含む。
涙やだ液	細菌の細胞壁を分解するリゾチームという酵素を含む。
汗や皮脂，胃酸	酸性なので，微生物の繁殖を防ぐ効果がある。

化学的な防御

③**体内に侵入した病原体に対する反応**　病原体が物理的・化学
　的防御をかいくぐって体内に侵入した場合，免疫によって排
　除される。

・**白血球**：マクロファージや好中球などのように，体内に侵入
　した病原体を取り込んで分解する細胞がある。

・**食作用**：病原体などの異物を細胞内に取り込む働き。

・**免疫**：からだに備わっている，侵入した病原体を白血球によ
　って排除するしくみ。自然免疫と獲得免疫があるが，実際に
　は両者は一体となって病原体の排除に働く。

④**生体防御**　病原体の侵入を防ぐ物理的・化学的な防御と，侵
　入した病原体を排除する免疫からなる。

⑤**免疫に関わる細胞**　免疫には，**マクロファージ，好中球，樹
　状細胞，リンパ球**など多くの種類の白血球が関わっている。

・**食細胞**：マクロファージや好中球，樹状細胞など。自然免疫
　に関わり，さまざまな物質を食作用によって取り込む。

・**リンパ球**：**T細胞，B細胞，ナチュラルキラー細胞（NK細
　胞）**など。

もっと詳しく
白血球のなかで，好中球の数が最も多い。

ここに注意
白血球の「B細胞」は，ランゲルハンス島の「B細胞」と名称は同じだが異なる細胞である。

白血球		働き	
食細胞	マクロファージ	殺菌作用が強く，取り込んで殺菌した細胞や取り込んだウイルスを分解する。炎症を引き起こす。	自然免疫に関わる
	好中球		
	樹状細胞	病原体を取り込み，その情報をT細胞に伝える。	
リンパ球	NK細胞	感染細胞などを攻撃する。	獲得免疫に関わる
	キラーT細胞	感染細胞などを攻撃する。	
	B細胞	抗体産生細胞に分化し，抗体を産生する。	
	ヘルパーT細胞	他の白血球を活性化する。	

さまざまな白血球

T細胞…**ヘルパーT細胞**，**キラーT細胞**などに分けられる。

⑥**免疫に関わる組織・器官**　骨髄，胸腺，扁桃，リンパ節，ひ臓，消化管などがあり，免疫に関わる細胞が数多く存在している。

・リンパ節やひ臓，消化管：獲得免疫が起こる主要な場。

・**骨髄**：赤血球やB細胞を含むさまざまな白血球がつくられる。

・**胸腺**：骨髄でつくられた未熟な血球からT細胞が成熟する。

・**リンパ節**：リンパ球や，病原体を取り込んだ樹状細胞などが集まる。

　→組織液がリンパ管内に移行するのに伴い，組織にあった病原体の一部はリンパ管を経由してリンパ節に集められ，免疫反応が起こる。

・ひ臓：血管が多く分布し，血液に侵入した病原体に対する免疫反応が起こる。

・腸管：分布するパイエル板などの組織で，腸管から侵入した病原体に対する免疫反応が起こる。体内のリンパ球の約6割は腸に存在するとされ，腸管は免疫においても重要である。

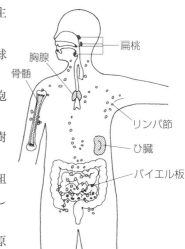

免疫に関わるヒトの器官・組織

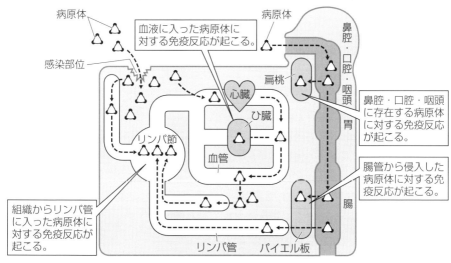

病原体排除の流れ

2 自然免疫

免疫は，自然免疫と獲得免疫に分けることができる。

・**自然免疫**：病原体に共通する特徴を幅広く認識し，食作用などによって病原体を排除する。

・**獲得免疫（適応免疫）**：特定の物質を認識したリンパ球が特異的に病原体を排除する。

> **⚠ここに注意**
> 食細胞は，異物として認識したもののみ食作用を行う。

①自然免疫のしくみ

・**炎症**：自然免疫により局所が赤くはれて熱や痛みをもつこと。

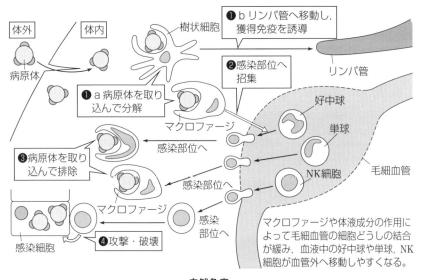

自然免疫

❶**病原体の侵入と食細胞の働き**　マクロファージや樹状細胞は病原体を認識して活性化し，食作用によって細胞内に取り込み，マクロファージは病原体を分解する（a）。樹状細胞は，リンパ管へ移動し，獲得免疫を誘導する（b）。

❷**免疫細胞の招集と炎症の誘導**　活性化したマクロファージや体液成分は，毛細血管の細胞どうしの結合を緩め，血液中や骨髄に存在する好中球や単球，NK細胞を感染部位へ招集する。

❸**招集された食細胞の働き**　感染部位に集まった食細胞は，食作用によって病原体を取り込んで排除する。

❹**NK細胞の働き**　NK細胞は感染細胞を攻撃し，破壊する。

> **もっと詳しく**
> 単球は白血球の一種で，血液中から組織へ出ると，マクロファージに分化する。

3 獲得免疫

- **抗原**：リンパ球によって認識される物質。リンパ球は，ウイルスや細菌，およびこれらがつくる毒素などを特異的に認識して排除する。

①**抗原提示**　病原体を認識して活性化した樹状細胞が，取り込んだ病原体を断片化し，断片を細胞の表面に出してT細胞に提示すること。

- 樹状細胞は病原体を認識して活性化し，食作用で病原体を取り込む。
    - →近くのリンパ節に移動し，細胞内で分解した病原体の断片を細胞表面に出してT細胞に提示する。
    - →抗原提示を受けたヘルパーT細胞やキラーT細胞が活性化することで，獲得免疫を誘導する。

教科書の整理　第3章

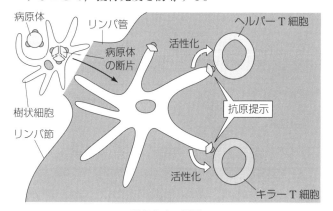

病原体　リンパ管　病原体の断片　ヘルパーT細胞　活性化　抗原提示　樹状細胞　リンパ節　活性化　キラーT細胞

獲得免疫の誘導

②**抗体**　**免疫グロブリン**と呼ばれるタンパク質でできていて，B細胞が分化した**抗体産生細胞（形質細胞）**によってつくられる。

- **抗原抗体反応**：抗体が抗原と特異的に結合し，抗原抗体複合体をつくる反応。

抗原抗体複合体　抗原　抗体

抗原抗体反応

・個々の抗体はそれぞれ特定の抗原にしか結合できない。

　　→ヒトのからだは 10^9～10^{10} 種類の抗体をつくることができるので，体内に侵入するほとんどの病原体に対応できると考えられる。

③**抗原認識**　個々のＢ細胞とＴ細胞は，特定の抗原のみを認識する。

・Ｂ細胞は分化後に１種類の抗体だけを産生する能力がある。

　　→この抗体が結合する抗原のみを特異的に認識する。

　　→抗原を認識すると，Ｂ細胞は活性化・増殖し，抗体産生細胞に分化して抗体を産生することで，抗原を攻撃する。

・Ｔ細胞の場合も個々の細胞が認識する抗原は１種類である。

・体内には非常に多様なリンパ球が存在する。

　　→それぞれのリンパ球が異なる抗原を認識することで，リンパ球全体としてはあらゆる抗原を認識できる。

> **もっと詳しく**
> Ｂ細胞やＴ細胞は，受容体と呼ばれる部位で抗原を認識している。受容体の形はそれぞれ異なっており，その種類は非常に多い。

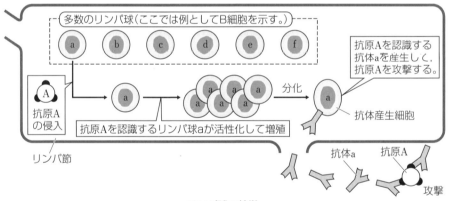

リンパ球の特徴

④**免疫寛容**　ある抗原に対して獲得免疫の反応がみられない状態。

　例　自己のからだの物質に対しては，ふつう，免疫反応は起こらない。

　　→Ｂ細胞やＴ細胞がつくられる過程で，自己のからだの物質に反応するリンパ球は，未熟な段階で選別されて排除され，成熟した場合はその働きが抑制される。

> **もっと詳しく**
> リンパ球の選別は，Ｔ細胞は胸腺，Ｂ細胞は骨髄で行われる。

⑤獲得免疫のしくみ

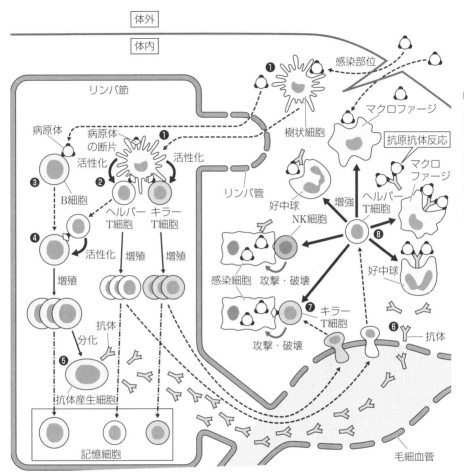

獲得免疫の流れ

❶**樹状細胞による獲得免疫の誘導**　病原体を取り込んだ樹状細胞は活性化し，リンパ節へ移動しT細胞に抗原提示をする。

❷**T細胞の活性化**　樹状細胞からの抗原提示によって，ヘルパーT細胞やキラーT細胞は活性化され，増殖する。

❸**B細胞の抗原認識**　B細胞は，樹状細胞の抗原提示なしに，病原体の特定の成分を直接認識する。

❹**B細胞の抗体産生細胞への分化**　B細胞は，認識した抗原を取り込み，その断片を細胞表面へ提示する。

もっと詳しく

ある病原体がはじめて体内に侵入したときに起こる免疫反応は，一次応答と呼ばれる。

→同じ抗原情報で活性化したT細胞は，これを認識し，B細胞を活性化する。

→活性化したB細胞は増殖し，抗体産生細胞に分化する。

❺**抗体の産生**　抗体産生細胞は，病原体に対する抗体を多量に産生する。

→抗体は，体液によって感染部位へと運ばれる。

❻**抗体の働き**　感染部位に運ばれた抗体は，病原体や感染細胞と結合する。

→結合によって，病原体の感染性や毒性を弱め，食細胞やNK細胞による病原体の排除を促進する。

❼**キラーT細胞の働き**　活性化したキラーT細胞は感染部位に移動する。

→キラーT細胞は，感染細胞が提示する抗原情報を認識し，感染細胞を特異的に破壊する。

❽**感染部位でのヘルパーT細胞の働き**　活性化されたヘルパーT細胞の一部も感染部位に移動する。

▸マクロファージなどの食作用や，NK細胞やキラーT細胞の働きを増強する。

→病原体は，活性化されたこれらの細胞の働きによって排除される。

・獲得免疫が起こるまでの時間：はじめて体内に侵入した病原体に対して，獲得免疫が効果を表すには，抗原に特異的なリンパ球が十分に増殖する必要がある。

→1週間以上の時間がかかり，自然免疫よりも遅れて効果を表す。

・**体液性免疫**：抗体が関与する免疫。

・**細胞性免疫**：マクロファージやキラーT細胞などの細胞が，直接，病原体を排除したり，感染細胞を排除したりする免疫。

⑥**二次応答**　同じ病原体が再び体内に侵入したときに生じる免疫反応。

→多くの感染症では，一度かかるとしばらくの間はその病気にかからないか，かかっても軽症ですむことが多い。

🔎もっと詳しく

キラーT細胞の活性化には，さらにヘルパーT細胞の働きかけが必要な場合もある。

🔎もっと詳しく

自然免疫である食作用が0〜24時間で働くのに対し，一次応答が起こるのには1週間程度かかる。

📝テストに出る

二次応答は一次応答に比べて短時間で発動し，強力に作用することをおさえておこう。

・**記憶細胞**：一次応答で病原体が排除された後も残り続ける，感染した病原体を特異的に認識するT細胞やB細胞。

→抗原と反応したことのないリンパ球と比べて，きわめて短時間で強い免疫反応を引き起こす。

・**免疫記憶**：獲得免疫において，記憶細胞の形成によって一度反応した抗原の情報が記憶されるしくみ。

教科書 p.131 **参考**　**拒絶反応**

・**拒絶反応**：同種の動物でも，別の個体の皮膚や臓器を移植すると，ふつう，定着しないで脱落すること。

←移植された細胞に獲得免疫が起こるために生じる。

・一度拒絶反応を示した個体に同様の移植をくり返すと，移植片は初回よりも早く脱落する。

→初回の移植時に形成された記憶細胞によって二次応答が起こるため。

4　自然免疫と獲得免疫の特徴

①自然免疫と獲得免疫の抗原認識の違い　自然免疫と獲得免疫との最も特徴的な違いは，異物の認識のしくみである。

→この違いが，自然免疫と獲得免疫のさまざまな性質を決めている。

・**自然免疫**：個々の免疫細胞が幅広く病原体やその感染細胞を認識する。

・**獲得免疫**：個々のB細胞やT細胞は，ごく限られた物質を抗原として特異的に認識する。

例　インフルエンザウイルスに対する免疫反応

インフルエンザウイルスには，その表面の物質の微細な違いによってさまざまな型がある。

→B細胞はこのわずかな違いを識別する。

→ある型のウイルスに反応するB細胞は，型の異なるウイルスには反応できない。

テストに出る
自然免疫に働く食細胞は，マクロファージ，好中球，樹状細胞，NK細胞である。

もっと詳しく
インフルエンザウイルスの形は，A型，B型，C型に大別され，A型はさらに144の亜種に分かれる。

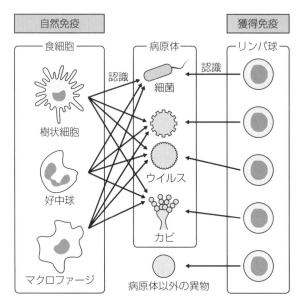

自然免疫と獲得免疫における抗原認識の違い

②**獲得免疫が病原体のみに反応を起こすしくみ**　B細胞やT細胞では，病原体に反応する細胞以外に，自己の成分や病原体以外の物質に反応する細胞もつくられる。

　→自己の成分に反応する細胞は，排除されたり，働きが抑制されたりする。

・獲得免疫に関わる細胞：自然免疫が認識した病原体の情報を受け取ることで病原体に対して反応する。

　→樹状細胞は，病原体を認識して活性化された場合のみ抗原提示してT細胞を活性化し，獲得免疫を誘導する。

　→病原体以外の異物や自己の成分を取り込んでも樹状細胞は活性化されないので，T細胞を活性化しない。

・細菌などが感染したり，別の個体から組織などが移植されたりする。

　→食細胞などの自然免疫細胞が活性化する。

　→細菌などが産生する毒素や移植片への獲得免疫反応が起こる。

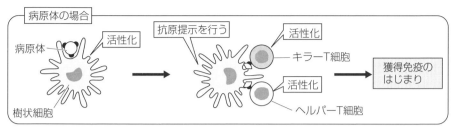

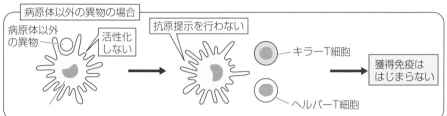

獲得免疫が病原体のみに反応を起こすしくみ

③獲得免疫と自然免疫の応答の違い

・自然免疫の場合：ある病原体が体内に侵入した際，ほぼすべての種類の免疫細胞が病原体を確認して反応を起こす。

→自然免疫の効果は，病原体の感染後，数時間で現れる。

・獲得免疫の場合：特定の病原体を認識するリンパ球は，全体のなかでごくわずかである。

→獲得免疫が効果を現すにはリンパ球が増殖する必要があり，1週間以上の時間がかかる。

・獲得免疫では細胞ごとに認識する抗原が異なる。

→一度反応した抗体の情報を記憶した記憶細胞がつくられる免疫記憶のしくみが存在する。

→自然免疫には，免疫記憶のしくみが存在しない。

④獲得免疫と自然免疫の相互的な活性化　自然免疫と獲得免疫は，互いに活性化し合って，一体となって働く。

→獲得免疫は，自然免疫で働く樹状細胞によって誘導される。さらに，獲得免疫がはじまると，ヘルパーT細胞や抗体は，自然免疫の働きを増強して効率的に病原体を排除する。

> **テストに出る**
> 獲得免疫に関わる細胞には，ヘルパーT細胞，キラーT細胞，B細胞があることを覚えよう。

教科書の整理　第３章

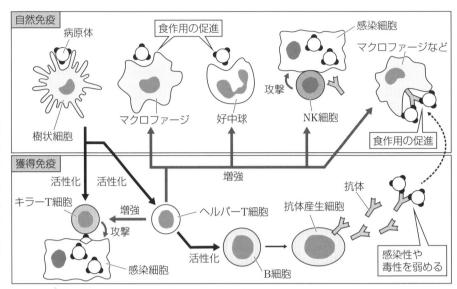

自然免疫と獲得免疫の関係

	各細胞が認識する成分	ある病原体に反応する細胞	効果が現れるのに要する時間	免疫記憶
自然免疫	病原体に共通する成分を幅広く認識	ほぼすべての種類の免疫細胞	数時間（細胞の増殖が不要）	なし
獲得免疫	１種類の特定の抗原を特異的に認識（異なる抗原を認識する多数のリンパ球があるので，さまざまな抗原に対応できる。）	ごく少数の細胞	１週間以上（反応するリンパ球の増殖が必要）	あり

自然免疫と獲得免疫

---

5 免疫と生活

①**自己免疫疾患**　自己の成分に対する免疫反応が起こり，組織の傷害や機能障害が生じる疾患。

←自己の成分に対する免疫反応は，通常，免疫寛容によって抑制されているが，このしくみに異常が生じるため。

例　関節リウマチ…手足の関節などに炎症が起こる。

　　重症筋無力症…全身の筋力が低下する。

　　１型糖尿病…ランゲルハンス島Ｂ細胞が破壊される。

②**アレルギー**　病原体以外の無害な異物にくり返し接触した際に，これらの異物が抗原として認識されて起こる，過敏で生体に不都合な獲得免疫反応。

もっと詳しく
卵やピーナッツ，大豆，牛乳などがアレルゲンとなることがある。

　例　花粉症，食物アレルギー，ぜんそくなど。

・**アレルゲン**：アレルギーの原因となる抗原。

・**アナフィラキシーショック**：ハチの毒や食物，薬などの体内の侵入に対して，重度のアレルギーによって急激な血圧低下や呼吸困難などの全身性症状が現れること。死に至ることもある。

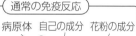
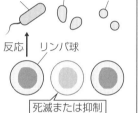
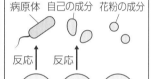
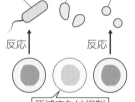

通常の免疫反応	自己免疫疾患	アレルギー
獲得免疫は，病原体のみに反応して起こる。	自己の成分（細胞など）に対しても獲得免疫が起こる。	花粉など，病原体以外の無害な異物に対しても獲得免疫が起こる。

免疫反応と自己免疫疾患，アレルギー

③**免疫不全**　免疫が十分に働かなくなる一連の疾患を免疫不全症という。免疫不全症の人は感染症にかかりやすい。

もっと詳しく
HIVは，輸血や性的接触によってのみ感染する。

　例　エイズ…HIV（ヒト免疫不全ウイルス）と呼ばれるウイルスがヘルパーT細胞に感染し，ヘルパーT細胞を破壊し，獲得免疫の働きが低下する病気。

　　　→エイズの患者は，日和見感染症にかかったり，がんなどを発症しやすくなったりする。

　　　日和見感染症…健康なヒトでは発症することがないような感染症。

④**予防接種**　ワクチンの接種により感染症を予防する方法。

　　→ワクチンをあらかじめ接種しておくと，感染症を予防できる。

・**ワクチン**：弱毒化または無毒化した病原体や毒素など。

　　→ワクチンを接種すると，弱い一次応答が起こり，記憶細胞

ここに注意
ワクチンの副反応は一次応答で，接種後に病原体に感染したときに起こるのが二次応答である。

教科書の整理　第3章

がつくられる。

→同じ種類の病原体が侵入した際には二次応答が起こるため，感染症の発症が抑制される。

例　日本脳炎，インフルエンザのワクチン

　→無毒化した病原体が用いられている。

はしかのワクチンや結核のワクチン（BCG）

　→弱毒化した病原体が用いられている。

⑤**血清療法**：ハブなどの毒ヘビにかまれた場合，ヘビの毒素に対する抗体を含む血清を注射し，体内に入った毒素の作用を阻害するような治療法。

→使われる血清は，あらかじめそのヘビの毒素をウマなどの動物に接種して得られたもので，含まれている抗体がヘビの毒素と反応する。

・以前は破傷風やジフテリアなどの治療に使われていたが，より安全な治療法が開発され，現在では，ヘビ毒の治療以外にはほとんど使われない。

⑥**抗体医薬**　特定の物質に対する抗体を用いた治療薬。

→特定の物質に対する抗体を量産する技術が開発され，さまざまな病気の治療薬として利用されている。

例　関節リウマチのような炎症にもとづく疾患の治療薬

　→炎症に関わる物質に対する抗体

がんに対する治療薬

　→がん細胞の増殖に関わる物質に対する抗体

実験・観察・資料・演習のガイド

教科書 p.95　⚗ 実 験　**3. 踏み台昇降運動を行って，心拍数の変化を測定しよう**

ガイド

┃方法┃ 2．心拍数の変化を測定するので，被験者は昇降運動の前は安静にし ておく。脈拍数＝心拍数なので，脈拍数を調べることで心拍数を知るこ とができる。

4．踏み台昇降運動は一定の速さで行うようにする。

┃結果┃ 右の図のように，踏み台昇降 運動直後には心拍数が増加し，そ の後，元の状態に戻った。

20秒間の心拍数は，運動前に は25回であったが，運動直後に は36回まで増加している。しか し，2分後には26回に減少して いる。

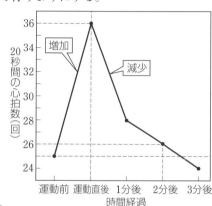

┃考察┃ 脚の筋肉の動きが変わること で，心臓の拍動数が変化している。 運動をしている，あるいは運動をやめたという状態の変化が心臓に伝わっ て，運動部位から離れた心臓の働きが変化したと考えられる。

思考力UP↑
> 脚と心臓が協調して働くためには，脚と心臓 の間に情報を伝達するしくみが必要である。

からだには情報を伝達するしくみが備わっていると考えられる。

踏み台昇降運動で，脚の筋肉の細胞における呼吸が盛んになると，血液 中の酸素濃度が低くなり，二酸化炭素濃度が高くなる。これらの濃度変化 を脳の延髄にある心臓の拍動中枢が感知すると，交感神経を通じて心臓の 拍動を促進する情報を心臓に送る。これによって，心拍数がふえる。運動 を終えると，拍動を抑える情報が心臓に送られて，心拍数が元に戻る。

教科書
p.105 / 資料　**7. 血糖濃度とホルモン濃度の関係を考察しよう**

|考察| ・健康なヒトの場合：食事後，血糖濃度の上昇に伴ってインスリン濃度も上昇し，インスリン濃度の上昇につれて血糖濃度が低下していく。
・インスリンを分泌できないヒトの場合：食事後，血糖濃度が大きく上昇してもインスリン濃度はあまり変化せず，血糖濃度の高い状態が続く。

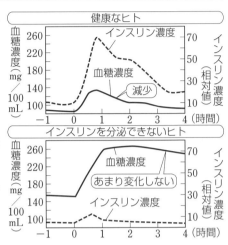

思考力UP↑
健康なヒトのインスリン濃度が上昇したときの血糖濃度の変化と，インスリンを分泌できないヒトの血糖濃度の変化に注目する。

　インスリンは血糖濃度を下げる働きをもち，血糖濃度が上昇した場合にインスリン濃度を上昇させることで，血糖濃度を一定の範囲内に保つことができる。

教科書
p.107 / 資料　**8. 血糖濃度の調節と自律神経系の関わりについて考えよう**

・間脳の視床下部は，自律神経系や内分泌系の最高中枢である。

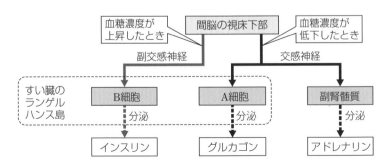

実験・観察・資料・演習のガイド　第3章

▎**考察**▎ 血糖濃度が上昇⇨副交感神経が間脳の視床下部からの情報をすい臓の
ランゲルハンス島B細胞に伝え，インスリンの分泌を促進する。

血糖量が低下⇨交感神経が間脳の視床下部からの情報をすい臓のランゲ
ルハンス島A細胞と副腎髄質に伝え，グルカゴンとアドレナリンの分泌を
促進する。

> **読解力UP↑**
>
> 図より，交感神経や副交感神経がすい臓の
> ランゲルハンス島や副腎髄質に働きかけ，
> これらの内分泌腺からホルモンが分泌され
> ることを読み取ろう。

自律神経系は，内分泌系に働きかけてホルモンの分泌を調節することに
よって，血糖濃度の調節に関与している。

教科書
p.117　*i*　**資料**　**9. 白血球の働きについて考えよう**

▎**考察**▎ 好中球は白血球の
一種である。

右の図で，好中球を
加えた場合は培地中の
細菌の数が減少してい
るが，好中球を加えな
かった場合は数が増加
している。

好中球は，体内に侵
入した病原体を取り込
むことで排除している。

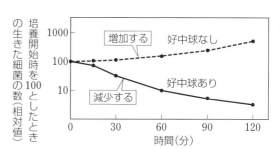

> **思考力UP↑**
>
> 教科書 p.117 図27 で，好中球が細菌に近づき，
> 細菌を細胞内に取り込んでいるようにみえること
> にも注目しよう。

実験・観察・資料・演習のガイド　第3章

🔍 **観察** **4. 食作用の観察**

|準備| カイコガの血液には赤血球がないので，白血球による食作用が観察しやすい。

|結果| この実験では，色の付いた微細な粒が異物となり，白血球に取り込まれる。食作用を行わなかった白血球はほぼ透明である。

　カイコガのような昆虫の血球には，原白血球やプラズマ細胞，顆粒細胞など数種類があり，種類によって，取り込まれる粒の形が変わる。

✏ **資料** **10. 同じ感染症にかかりにくい理由を抗体産生量の変化から考えよう**

|考察| グラフから1回目は注射されてから血液中での抗体量がふえはじめるまで約7日かかっているが，2回目は抗原注射をした直後から抗体量がふえはじめている。グラフの傾きを比べると，2回目の方が1回目よりもふえる速さがはやく，産生量も多い。

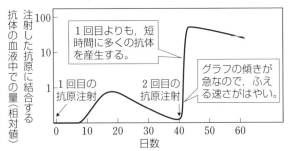

思考力UP↑

1回目と2回目で，注射してからグラフが大きく変化するまでの日数や，グラフの傾きがどう違うかから考えよう。

　同じ抗原が2回目に体内に侵入したときは，1回目に比べて短時間に多量の抗体が産生されるので，短時間のうちに病原体が排除され，その感染症を発症しにくくなる。

> 教科書
> p.131　／　演習　4. 免疫の流れを説明してみよう

方法 2.(1)　病原体aがはじめて体内に侵入したときに，最初に働く細胞は，マクロファージと樹状細胞（Ⓐのコマを使う）である。感染部位（シートのⒶ）でみられる。

(2)　食作用によって細胞内に取り込んだ病原体を認識して活性化したマクロファージなどは，毛細血管（シートのⒷ）の細胞どうしの結合を緩め，血液中や骨髄に存在する好中球や単球，NK細胞（Ⓑのコマを使う）を感染部位に招集する。

　　単球は組織へ出るとマクロファージに分化し，病原体を取り込み排除する（コマを裏返す）。好中球は食作用によって病原体を取り込み排除する（コマを裏返す）。NK細胞は病原体に感染した細胞を攻撃する。

(3)　病原体を取り込んだ樹状細胞は活性化し，リンパ節（シートのⒸ）に移動し，T細胞に抗原提示する（コマを裏返す）。ヘルパーT細胞やキラーT細胞（Ⓒのコマを使う）は活性化し（コマを裏返す），増殖する。

　　B細胞（Ⓒのコマを使う）は病原体の特定の成分を直接認識し，抗原提示を行う（コマを裏返す）。活性化したヘルパーT細胞はこれを認識し，B細胞を活性化する。活性化したB細胞は増殖し（Ⓓの「活性化したB細胞」のコマ2個と入れ替える），抗体産生細胞に分化する（コマを裏返す）。抗体産生細胞は抗体（Ⓓのコマを使う）を多量に産生し，体液によって感染部位へと運ばれる。

(4)　感染部位に運ばれた抗体は，抗原抗体反応（コマを裏返す）によって，病原体の感染性や毒性を弱め，好中球やマクロファージ（Ⓓのコマを使う）による病原体の排除を促進する。

　　活性化したキラーT細胞は感染部位に移動し，感染細胞を特異的に攻撃する。

(5)　活性化されたヘルパーT細胞の一部は感染部位に移動し，好中球やマクロファージの食作用やNK細胞，キラーT細胞の働きを増強する。

　　記憶細胞の欄には，活性化したキラーT細胞や活性化したヘルパーT細胞，活性化したB細胞（Ⓓのコマを使う）が入る。

TRYのガイド

教科書
p.108
血糖濃度を下げるホルモンは１種類だけなのに対し，血糖濃度を上げるホルモンが複数あるのはなぜだろうか。話し合ってみよう。

ポイント 緊急性が高いのは，低血糖，高血糖のどちらか考えよう。

解き方 高血糖時に働くホルモンは，すい臓のランゲルハンス島Ｂ細胞から分泌されるインスリンだけである。一方，低血糖時には，ランゲルハンス島Ａ細胞から分泌されるグルカゴンや副腎髄質から分泌されるアドレナリンによって，肝臓に貯えられたグリコーゲンの分解が促進される。また，生命に関わるような極度の低血糖が続くと，副腎皮質から糖質コルチコイドが分泌され，タンパク質を糖に変える働きを促進する。

　　大脳はグルコースのみを栄養源としているので，低血糖になると，脳の機能が低下し，けいれんや意識喪失などの症状が現れる。

答 低血糖は生命の危機に直接つながるので，血糖濃度を上げるホルモンは複数存在する。

教科書
p.116
世界で患者数の多い感染症とその原因になる病原体を３つ調べてみよう。

ポイント 三大感染症＝マラリア，結核，エイズ

解き方 患者数の多い感染症とその原因になる病原体には，下の表のようなものがある。

感染症	病原体
マラリア	マラリア原虫
結核	結核菌
エイズ（後天性免疫不全症候群）	HIV（ヒト免疫不全ウイルス）
インフルエンザ	インフルエンザウイルス
新型コロナウイルス感染症（COVID-19）	新型コロナウイルス（SARS-CoV2）

答 マラリア：マラリア原虫，結核：結核菌，エイズ：HIV

教科書
p.130

　下図において，1回目の抗原注射の40日後に，これまでに体内に侵入したことのない種類の抗原を注射した場合，どのようなグラフになるだろうか。グラフに書き示してみよう。

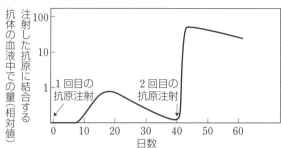

ポイント　**二次応答は一度反応した病原体が再び侵入したときに起こる。**

解き方　ある病原体がはじめて体内に侵入したときに起こる免疫反応（一次応答）によって病原体が排除された後も，感染した病原体を特異的に認識するT細胞やB細胞が記憶細胞として，体内に残り続ける。同じ病原体が再び侵入したときは，記憶細胞が働いて，短時間に大量の抗体が産生され，強い免疫反応を引き起こす。

　1回目の抗原注射の40日後に，これまでに侵入したことのない種類の抗原を注射しても，抗原の種類が1回目と違うために記憶細胞が働かないので，注射した抗原に結合する抗体の血液中での量は1回目と同じように変化する。

 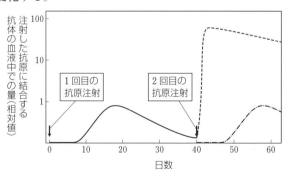

教科書
p.132
　もし，B細胞が，ヘルパーT細胞による働きかけを必要とせず，自身の抗原認識のみで活性化するようなしくみであったならば，生体にはどのような不都合が生じると考えられるだろうか。

ポイント　| ヘルパーT細胞は他の免疫細胞の働きを調節する司令塔。

解き方　獲得免疫に関わるT細胞やB細胞は，自然免疫が認識した病原体の情報を受け取ることで病原体に対して反応する。

　病原体を取り込んだ樹状細胞は，活性化するとともに抗原提示をしてT細胞を活性化する。このとき，病原体の情報が活性化したT細胞に伝えられる。さらに，活性化したヘルパーT細胞が抗原提示したB細胞を活性化するときに病原体の情報がB細胞に渡される。

> **思考力UP↑**
> 獲得免疫に関わる細胞は，自然免疫が認識した病原体の情報を受け取らないと，病原体に対して反応できないことから考える。

　B細胞が，ヘルパーT細胞の働きかけなしに自身の抗原認識のみで活性化するようなしくみであると，活性化したB細胞は自然免疫が認識した病原体の情報を受け取っていないので，病原体以外の異物に対しても抗体を産生するようになってしまう可能性がある。さらに，産生された抗体が病原体以外の異物に結合することで，食細胞やNK細胞の働きを妨害してしまうおそれがある。

答 病原体以外の異物に対しても抗体を産生するようになってしまい，食細胞やNK細胞の働きを妨害するおそれがある。

章末問題のガイド

教科書 p.140～141

❶ 体内における情報の伝達

関連：教科書 p.96

体内における情報の伝達に関する次の文中の(　　)に入る適語を語群からそれぞれ選べ。

脚を動かす運動によって，脚の筋肉の細胞における呼吸が盛んになると，血液中の酸素濃度が(　1　)なり，二酸化酸素濃度は(　2　)なる。これらの濃度変化が情報として(　3　)に伝わると，(　3　)は心臓の拍動を促進する情報を心臓に送る。これにより心拍数が増加すると，脚の筋肉の細胞への(　4　)の供給が増強される。このように，体内における情報の伝達は(　5　)に深く関わっている。(　5　)に関わる情報を伝達するしくみには，(　6　)系と(　7　)系がある。

【語群】　高く　　低く　　恒常性　　脳　　内分泌　　自律神経　　酸素

ポイント 恒常性に関わる情報を伝達するしくみには自律神経系と内分泌系がある。

解き方 　脚を動かす運動を行うと，エネルギーを取り出すために脚の筋肉の細胞における呼吸が盛んになり，血液中の酸素濃度が低く(1)なり，二酸化炭素濃度が高く(2)なる。これらの濃度変化が情報として脳(延髄の拍動中枢)(3)に伝わると，脳は心臓の拍動を促進する情報を，交感神経を通して心臓に送る。これによって心拍数が増加すると，組織に送られる時間当たりの血流量が大きくなるため，脚の筋肉の細胞へ供給される酸素(4)量がふえる。

体内の情報の伝達は，恒常性(体内の状態を安定に保って生命を維持する性質)(5)に深く関わっている。恒常性に関わる情報を伝達するしくみには，自律神経系と内分泌系(6)(7)がある。

答 　1：低く　　2：高く　　3：脳　　4：酸素　　5：恒常性
6：自律神経　　7：内分泌(6，7は順不同)

❷ 自律神経系の分布とその働き

関連：教科書 p.98～99

交感神経と副交感神経は，以下のア～オの器官にそれぞれどのような作用を及ぼすか答えよ。ただし，分布していない場合には，「分布していない」と答えよ。

ア．眼（瞳孔）　　イ．皮膚（立毛筋）　　ウ．胃（ぜん動）
エ．副腎髄質（ホルモン分泌）　　オ．ぼうこう（排尿）

ポイント 交感神経→活動時や緊張した状態，副交感神経→安静な状態で優位。

解き方 交感神経と副交感神経は同じ器官に分布していることが多く，互いに反対の作用（きっ抗作用）を現し，器官の働きを調節する。活動時や緊張した状態では交感神経の働きが優位となり，安静な状態では副交感神経の働きが優位となる。自律神経系の働きは下の表のようになる。

副腎髄質から分泌されるホルモンは，心臓の拍動数を増加させるアドレナリンである。

分布 器官	眼 （瞳孔）	皮膚 （立毛筋）	皮膚 （血管）	心臓 （拍動）	気管支	胃 （ぜん動）	副腎髄質 (ホルモン分泌)	ぼうこう （排尿）
交感 神経	拡大	収縮	収縮	促進	拡張	抑制	促進	抑制
副交感 神経	縮小	分布して いない	分布して いない	抑制	収縮	促進	分布して いない	促進

思考力 UP↑
ネコは興奮するとひとみが大きくなり毛が逆立って…など，興奮しているときとリラックスしているときのからだのようすを想像してみる。

答 ア．交感神経：**拡大**，副交感神経：**縮小**
イ．交感神経：**収縮**，副交感神経：**分布していない**
ウ．交感神経：**抑制**，副交感神経：**促進**
エ．交感神経：**促進**，副交感神経：**分布していない**
オ．交感神経：**抑制**，副交感神経：**促進**

❸ 血糖濃度を調節するホルモンの働き

関連：教科書 p.105〜108

血糖濃度を調節するホルモンの働きに関する以下の記述について，インスリンに当てはまるものにはA，グルカゴンに当てはまるものにはB，どちらにも当てはまらないものにはCを記せ。

ア．肝臓に貯えられたグリコーゲンの分解を促進する。
イ．グルコースの細胞内への取り込みや呼吸による分解を促進する。
ウ．血中のホルモン濃度が，血糖濃度の上昇に伴って上昇する。
エ．副腎から分泌される。
オ．肝臓や筋肉におけるグリコーゲンの合成を促す。
カ．血中のホルモン濃度が，血糖濃度の上昇に伴って低下する。

ポイント インスリン→高血糖時，グルカゴン→低血糖時に働く。

解き方 高血糖時にはインスリンが働き，低血糖時にはグルカゴンやアドレナリン，糖質コルチコイドが働く。

ア．グルカゴンは，肝臓に貯えられたグリコーゲンの分解を促進する。生じたグルコースは血液中に放出され，血糖濃度が上昇する。

イ．インスリンは，グルコースの細胞内への取り込みや呼吸によるグルコースの分解を促進し，血糖濃度を低下させる。

ウ．血糖濃度の上昇に伴って，血糖濃度を下げるインスリンの濃度が上昇する。

エ．インスリンはすい臓のランゲルハンス島B細胞から分泌され，グルカゴンはランゲルハンス島A細胞から分泌される。副腎髄質からはアドレナリン，副腎皮質からは糖質コルチコイドや鉱質コルチコイドが分泌される。

オ．インスリンは，肝臓や筋肉におけるグリコーゲンの合成を促進し，血糖濃度を低下させる。

カ．血糖濃度の上昇に伴って血中のホルモン濃度が低下するのは，グルカゴンやアドレナリン，糖質コルチコイドである。

答 ア：B　　イ：A　　ウ：A　　エ：C　　オ：A　　カ：B

章末問題のガイド 第3章

章末問題のガイド 第3章

❹ヒトの血糖濃度調節　　　　　　関連：教科書 p.107～108

　下図は，ヒトの血糖濃度調節のしくみを示したものである。ア～カに適する器官・組織やホルモンの名称を答えよ。

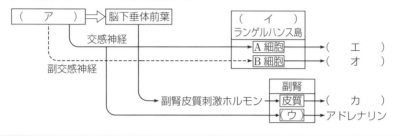

ポイント 血糖濃度の低下時→交感神経，血糖濃度の上昇時→副交感神経が働く。

解き方　　間脳の視床下部(ア)が血糖濃度の低下を感知すると，交感神経を通して副腎髄質(ウ)からのアドレナリンの分泌を促進する。また，交感神経を通して伝えられる情報や，低い血糖濃度の血液による刺激によって，すい臓(イ)のランゲルハンス島A細胞からグルカゴン(エ)が分泌される。生命に関わるような極度の低血糖が続くと，間脳の視床下部は脳下垂体前葉を刺激して副腎皮質刺激ホルモンを分泌させる。その結果，副腎皮質から糖質コルチコイド(カ)が分泌される。

　　血糖濃度が上昇すると，間脳の視床下部からの情報が副交感神経を通してすい臓のランゲルハンス島B細胞に伝えられる。さらに，ランゲルハンス島も高い血糖濃度の血液を感知し，これらの刺激によってランゲルハンス島B細胞からインスリン(オ)が分泌される。

読解力UP↑

血糖濃度の調節は(ア)からはじまるので，(ア)から順番に矢印をたどっていきながら当てはまる語句を考える。四角囲みのなかは器官や組織の名称が入る。

答 ア：間脳の)視床下部　　イ：すい臓　　ウ：髄質　　エ：グルカゴン
　　オ：インスリン　　カ：糖質コルチコイド

❺ 免疫のしくみ　　　　　　　　　　　関連：教科書 p.124〜133

　免疫のしくみに関する次の記述ア〜カについて，自然免疫のみに当てはまるものにはA，獲得免疫のみに当てはまるものにはBを記せ。

ア．個々の免疫細胞が幅広く病原体やその感染細胞を認識する。

イ．T細胞およびB細胞が病原体の排除に関わる。

ウ．免疫によって病原体が排除された後も，その病原体を特異的に認識する免疫細胞が体内に残り続ける。

エ．炎症を引き起こす主体となる。

オ．個々の免疫細胞は，特定の物質を特異的に認識する。

カ．はじめて侵入した病原体に対して効果を現すには，特定の免疫細胞が増殖する必要があるため，1週間以上の時間がかかる。

ポイント　自然免疫→幅広い病原体やその感染細胞，獲得免疫→特定の病原体を認識する。

解き方　ア．オ．自然免疫では個々の細胞が幅広く病原体やその感染細胞を認識するが，獲得免疫で働く個々のB細胞やT細胞はごく限られた物質を抗原として特異的に認識する。

　　イ．T細胞によって活性化したB細胞は増殖して抗体産生細胞に分化し，病原体に対する抗体を多量に産生する。

　　ウ．獲得免疫では細胞ごとに認識する抗原が異なり，一度反応した抗原の情報を記憶した記憶細胞がつくられる免疫記憶のしくみが存在するが，自然免疫にはこのしくみが存在しない。

　　エ．自然免疫の反応によって局所が赤くはれ，熱や痛みをもつことを炎症という。

　　カ．自然免疫では，ほぼすべての種類の免疫細胞が体内に侵入してきた病原体を認識して反応するので，効果は病原体の感染後，数時間で現れる。これに対して，獲得免疫では，特定の病原体を認識するリンパ球が増殖する必要があり，1週間以上の時間がかかる。

答　ア：A　イ：B　ウ：B　エ：A　オ：B　カ：B

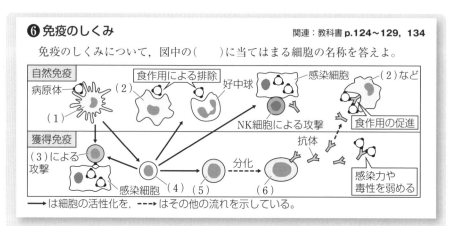

❻ 免疫のしくみ

関連：教科書 p.124〜129, 134

免疫のしくみについて，図中の（　）に当てはまる細胞の名称を答えよ。

> **ポイント**　**自然免疫に働く→マクロファージ，好中球，樹状細胞，NK細胞**
> **獲得免疫に働く→ヘルパーT細胞，キラーT細胞，B細胞**

解き方　　自然免疫の過程で病原体を取り込んだ樹状細胞（1）は抗原提示を行い，キラーT細胞（3）やヘルパーT細胞（4）を活性化する。活性化したヘルパーT細胞の一部は感染部位に移動して，マクロファージ（2）の食作用やNK細胞やキラーT細胞の働きを活性化する。B細胞（5）は活性化したヘルパーT細胞によって活性化して増殖し，抗体産生細胞（6）に分化して抗体を多量に産生する。

> **思考力 UP↑**
> まず他の免疫細胞の働きを調節する司令塔の役割をもつヘルパーT細胞を決め，出入りする矢印の向きから当てはまる免疫細胞を考える。

答　1：樹状細胞　　2：マクロファージ　　3：キラーT細胞
　　4：ヘルパーT細胞　　5：B細胞　　6：抗体産生細胞（形質細胞）

❼ 獲得免疫が病原体のみに反応を起こすしくみ　　関連：教科書 p.127〜133

　正常な獲得免疫が病原体のみに反応を起こす理由として，誤っているものを次のア〜エのうちから1つ選べ。

ア．樹状細胞は，病原体以外の異物を取り込んだ場合，活性化せず，抗原提示によってT細胞を活性化しないため。

イ．B細胞やT細胞では，病原体以外の異物に反応する細胞はまったく成熟しないため。

ウ．自己のからだに反応するB細胞やT細胞は，つくられる過程で排除されるか，成熟した場合でも働きが抑制されるため。

エ．B細胞は，抗原を直接認識するが，活性化するには同じ抗原情報で活性化したヘルパーT細胞からの働きかけが必要であるため。

ポイント 樹状細胞は病原体を認識して活性化した場合にのみT細胞を活性化する。

解き方 イ．病原体以外の異物や自己の成分を取り込んでも樹状細胞は活性化されず，抗原提示を行わないので，ヘルパーT細胞も活性化されない。このため，病原体以外の異物に反応するB細胞やT細胞が成熟した場合，ヘルパーT細胞によって活性化されないので，その働きが抑制される。

答 イ

知識を活かす

　アナフィラキシーショックの兆候がみられた際，医師の治療を受けるまでの間，症状の進行を一時的に緩和するために，アドレナリンを含む薬剤を注射することがある。なぜアドレナリンが含まれているのか，理由を調べてみよう。

ポイント アドレナリンは心臓の拍動を促進する。

解き方 アナフィラキシーショックでは，急激な血圧低下や呼吸困難などの全身性症状が現れる。アドレナリンは心臓の拍動を促進し，末梢の血管を収縮させるので血圧を上昇させる。また，気管を拡張するので，呼吸を改善することができる。

答 アドレナリンは血圧を上昇させ，呼吸を改善させる働きをもつから。

第3編 生物の多様性と生態系

第4章 植生と遷移

教科書の整理

第①節 植生と遷移　　　　教科書 p.144〜161

1 植生と環境の関わり

・**植生**：ある地域に生育する植物の集まり。

・**優占種**：植生のなかで，個体数が多く，占有する生活空間が
　最も大きい種。

①**植生の分類**　陸上の植生は，相観によって，荒原，草原，森
　林に大別される。

・**相観**：植生の外観上の様相。一般に優占種によって決まる。

・**荒原**：生育する植物の個体数や種類数が少なく，草本や高さ
　の低い木本がまばらに生育する植生。

・**草原**：主に草本で構成され，一般に地表の 50 ％以上が草本
　におおわれている植生。

・**森林**：樹木が密に生育する植生。優占する樹種はさまざまだ
　が，ふつう，高木が優占種となる。優占する樹種によって，
　特有の相観をもつ。

> **⚠ここに注意**
> 一般に，草本
> は「草」，木
> 本は「樹木」
> を指す。

教科書 p.145 ⓘ参考　生活形

・**生活形**：生活様式を反映した生物の形態。生物はさまざまな環境で生活し，
　それぞれの環境に適応した生活様式を発達させている。

・植物は自ら移動しないため，生育する環境の影響を強く受ける。

　→離れた場所に生育する異なる種であっても，類似した環境には類似した生
　　活形をもつものがみられる。

・広葉樹や針葉樹，常緑樹や落葉樹などは，葉の形や葉のついている時期で分
　けた生活形で，森林の相観を特徴づけている。

②**植生と環境**　植生を構成する植物は，それぞれが生育する環境（光・温度・土壌・水など）の影響を強く受けている。

③**植生と土壌**　植物は土壌中に根を張ることで，地上部を支え，土壌中に含まれる水や栄養塩類を吸収して生活している。

　→植物と土壌は密接な関係にあり，植生が異なると土壌の質や構造も異なっている。

・栄養塩類：植物が生育するうえで必要な窒素やリンを含む塩類。

・**土壌**：岩石が風化して細かい粒状になった砂や泥などに，植物の落葉・落枝などの分解によって生じた有機物が混入してできている。

・腐植：植物の落葉・落枝や生物の遺骸や排出物などが土壌生物などによって分解されてできた有機物。黒褐色をしていて，腐植を多く含む土壌は暗い色になる。

・植物が多く生育する場所の土壌は，層状の構造が発達することが多い。

　例　森林の土壌

　　地表付近に落葉・落枝がたまる層がある。

　　→その下には腐植を多く含む層がある。

　　→さらにその下には岩石が風化した層がある。

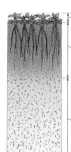

落葉・落枝がたまる層
植物の落葉・落枝などがたまり，その分解が進む。

腐植が多い層
落葉などの分解で生じた腐植がたまる。
ミミズや菌類などの土壌生物が多く，保水性や通気性が高い。

岩石が風化した層
岩石が風化した石や砂，粘土など。

土壌断面

④**植生と光環境**　植物は光合成によって成長に必要な有機物を合成しているため，光環境は植物の生育にとって重要で，光環境が異なると生育する植物も異なる。

　例　日当たりの悪い環境→弱い光でも生育する植物が優占。

　　　日当たりのよい環境→強い光でより生育する植物が優占。

👀もっと詳しく
土壌生物にはミミズやヤスデ，トビムシ，ダニなどがいる。

- **林冠**：森林において高木の葉の繁っている部分で，見かけ上つながりあって，森林の外表面をおおっているもの。
- **林床**：森林において，地表に近い部分。
- **階層構造**：森林にみられる垂直方向の層状の構造。植物の高さによって，高木層，亜高木層，低木層，草本層などの階層がみられることがある。コケ植物が生育する地表層が発達することもある。
- 熱帯や温帯の森林では，多くの種類の植物が繁茂する。
  →階層構造が発達する。
- 階層構造が発達した森林では，高木層での太陽光の吸収と散乱が大きい。
  →光の強さは，高木層を通過する間に急激に減少し，林床では数％以下になることもある。
  →林床では，ふつう，比較的弱い光でも成長することができる植物が生育する。

> **⚠ ここに注意**
> 亜寒帯にみられる針葉樹林は植物の種類が比較的少ないので，階層構造があまり発達しない。

（左余白縦書き）教科書の整理 第4章

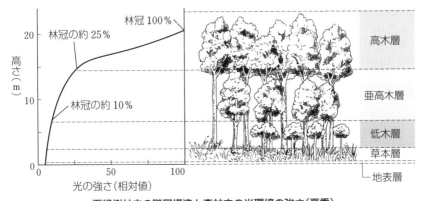

夏緑樹林内の階層構造と森林内の光環境の強さ（夏季）

⑤**光の強さと光合成** 植物は，光合成によって二酸化炭素を吸収し，呼吸によって二酸化炭素を放出している。
  →光合成量と呼吸量は，それぞれ二酸化炭素の吸収量と放出量によって求められる。
- **光合成速度**：一定時間当たりの光合成量。
- **呼吸速度**：一定時間当たりの呼吸量。
- **見かけの光合成速度**：光合成速度から呼吸速度を引いた値。

> **📖 テストに出る**
> 光合成速度＝呼吸速度＋見かけの光合成速度という関係をおさえる。

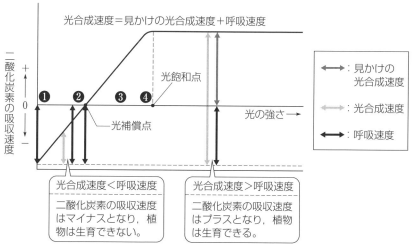

呼吸速度は，ふつう，光の強さが増すにつれて低下するが，グラフでは一定であると仮定して示している。

光合成速度と呼吸速度

⑥光の強さが光補償点以下の場合

❶植物を暗黒下に置くと，呼吸による二酸化炭素の放出だけがみられ，二酸化炭素の吸収速度はマイナスになる。

→植物は生育できない。

❷植物に光を当て，しだいに光を強くしていくと，ある光の強さのときに二酸化炭素の出入りがみられなくなり，二酸化炭素の吸収速度は0になる。

・**光補償点**：光合成速度と呼吸速度が等しくなるときの光の強さ。

⑦光の強さが光補償点より強い場合

❸光補償点よりも光が強くなると，光合成速度が呼吸速度を上回り，二酸化炭素の吸収速度はプラスになる。

→植物は生育できる。

→見かけの光合成速度が大きいほど植物はよく成長する。

❹さらに光を強くしていくと，やがて光合成速度は変化しなくなる。

・**光飽和点**：光合成速度が変化しなくなるときの光の強さ。

⚠️**ここに注意**
光が当たっても，光の強さが光補償点以下では植物は生育できない。

📝**テストに出る**
光補償点と光飽和点の違いを理解しておこう。

教科書の整理 第4章

⑧**光の強さと植物の適応**　弱い光のもとでは陰生植物が，強い
光のもとでは陽生植物が生育に適している。

・**陽生植物**：日当たりのよい場所に生育する植物。

・**陰生植物**：弱い光の場所で生育する植物。

◖◗◖◗もっと詳しく

・比較的弱い光のもと→陰生植物の方が二酸化炭素の吸収速度
が大きい。陰生植物が生育に適している。

・強い光のもと→陽生植物の方が二酸化炭素の吸収速度が大き
い。陽性植物が生育に適している。

林床付近に生
育する低木や
草本には陰生
植物が多い。

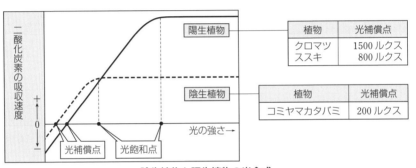

植物	光補償点
クロマツ	1500ルクス
ススキ	800ルクス

植物	光補償点
コミヤマカタバミ	200ルクス

陰生植物と陽生植物の光合成

・**陽樹**：陽生植物の特徴を示す樹木。光補償点や光飽和点が高
く，ひらけた明るい場所で生育することが多い。

・**陰樹**：芽ばえや幼木の時期に陰生植物の特徴を示す樹木。光
補償点が低く，光の弱い場所でも生育できる。成長して他の
植物より高くなると，陽生植物と似た特徴をもつことがある。

・**陽葉**：日当たりのよい場所につく葉。光合成の特徴は陽生植
物のものと似ている。

・**陰葉**：日当たりの悪い場所につく葉。光合成の特徴は陰生植
物のものと似ている。

・陰葉の方が葉の面積が広く，厚みが薄い。

◖◗◖◗もっと詳しく

陽葉は陰葉よ
りも葉肉部分
が発達してい
るため，厚く
なる。

2 遷移のしくみ

①**植生の遷移**　生物がほとんどみられる裸地からはじまる遷
移の場合では，しだいに草本が進入してきて草原ができ，続
いて木本が進入してやがて森林が形成されるモデルが提唱さ
れている。

・**遷移**：ある地域の植生が長い年月の間に変化していくこと。

荒原　　　　　　　　草原　　　　　　　　森林

植生の遷移

②**火山における植生の遷移とその要因**　溶岩の堆積年代が異な
る場所の植生や環境を調べることで，遷移の過程やその要因
を推測できる。

・裸地から森林に至るまで1000年もの年月を要することもあ
るので，遷移のようすを同じ地点で観測し続けることは困難
である。

　→伊豆大島は火山活動が活発な島で，噴火で噴出した溶岩に
　　おおわれた場所で裸地が形成される。

　→島には，裸地になった時期(遷移の開始時期)の異なる地点
　　が複数存在する。

・植物と土壌・光環境が，相互に影響を及ぼし合うことで遷移
は進行する。

　→植物の生育には，土壌と光環境が大きく影響している。ま
　　た，植物の生育に伴って土壌は厚くなり，さらには光環境
　　が変化することで，植生も移り変わる。

③**遷移の過程とその要因**　陸上の遷移の初期段階では，土壌が
植生を決める主な要因となる。

ⓐ**裸地**：土壌がないため，保水力が弱く，栄養塩類が極端に乏
しい。地表は直射日光にさらされて高温となり，乾燥する。

　→貧栄養や乾燥に耐性をもった生物が最初に進入しやすい。

・**先駆種**(パイオニア種)：遷移の初期段階にみられる種。乾燥
に強いコケ植物や地衣類(緑藻類やシアノバクテリアと菌類
が共生している生物)などが先駆種となることがある。

　共生：異なる生物が，常に緊密な関係をもって生活している
　　こと。

教科書の整理　第4章

テストに出る

遷移が進行す
るためには，
光環境と土壌
環境の変化が
必要であるこ
とを理解して
おこう。

もっと詳しく

裸地は，溶岩
流や大規模な
山崩れによっ
て生じる。

教科書の整理 第4章

例 火山灰や火山れきが堆積した裸地では，イタドリやススキが進入することが多い。
　→果実や種子が軽くて移動しやすいため，風によって運ばれて進入する。

ⓑ**草原**：先駆種が定着すると，先駆種の遺骸や風化した岩石によって土壌が形成されはじめる。
　→やがて成長の速いススキなどの草本が優占するようになり，陽生植物の草原が形成される。

ⓒ**低木林**：草本の定着によって土壌の形成がさらに進むと，アカマツなどの木本が生育するようになり，陽樹の低木林が形成される。
　→陽樹などの成長によって，地表付近の光がしだいに減少していく。

ⓓ**陽樹林**：森林が形成されるころには，光環境が植生を決める主な要因となる。
　→陽樹は明るい環境において光合成速度が大きいため，森林の形成過程では一般に陽樹が先に成長して高木に達し，陽樹林が形成される。
　例 本州中部の暖温帯ではアカマツなどが代表種。

ⓔ**混交林**：森林の成長に伴って土壌の形成がさらに進み，林床では光が減少し，陽樹の芽ばえは育ちにくくなる。
　→陰樹の芽ばえは生育できる。
　→陽樹と陰樹が混ざった混交林が形成される。

> **📝テストに出る**
> 裸地→草原→低木林→陽樹林→混交林→陰樹林（極相林）という遷移の流れをおさえよう。

> **⚠ここに注意**
> 温帯のなかで，比較的暖かい地域を暖温帯，寒い地域を冷温帯という。

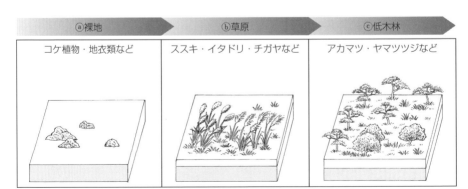

ⓐ裸地	ⓑ草原	ⓒ低木林
コケ植物・地衣類など	ススキ・イタドリ・チガヤなど	アカマツ・ヤマツツジなど

日本の暖温帯における陸上の遷移

ⓕ**陰樹林**：混交林で，陽樹の成木が枯れると，陰樹のみが残って，陰樹林が形成される。

　→陰樹林では，陰樹の幼木が育って成木と入れ替わるため，構成種に大きな変化がみられなくなる。

・**極相**（クライマックス）：構成種に大きな変化がみられなくなった安定した植生の状態。

・**極相林**：極相のときの森林。日本でみられる極相林の優占種は，温暖帯ではスダジイ・アラカシなど。

・生物の活動によって環境が変化し，変化した環境に適応した生物が進入するという過程をくり返すことによって遷移が進行する。

・遷移の初期→土壌の形成に伴う水分や栄養塩類などの量の変化が遷移の進行の主な要因となる。

・その後の遷移→光の量の変化が遷移の進行の主な要因となる。

④**ギャップ**　林冠が途切れてできた空間。林冠を構成する高木が枯死したり台風などによって倒れたりして生じる。

・極相林には，さまざまな大きさのギャップが常に点在する。

　→極相林は陰樹のみで構成された均質な森林ではなく，陽樹が集まっている部分や，陽樹と陰樹が混ざり合っている部分が散在する。

・ギャップが小さい場合：森林内に差し込む光が少ないため，陽樹は成長できないが，陰樹の幼木が成長してギャップを埋める。

> **テストに出る**
> 遷移の進行の要因は，初期は水分や栄養塩類，その後は光の量の変化であることをおさえよう。

> **テストに出る**
> ギャップが小さいときは陰樹，大きいときは陽樹が埋めることがあることを理解する。

教科書の整理　第4章

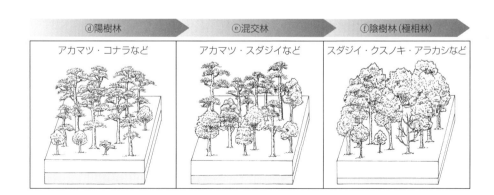

| ⓓ陽樹林 | ⓔ混交林 | ⓕ陰樹林（極相林） |
| アカマツ・コナラなど | アカマツ・スダジイなど | スダジイ・クスノキ・アラカシなど |

・ギャップが大きい場合：林床の広範囲に強い光が差し込むた
　め，土壌中，あるいは外部から進入した陽樹の種子が発芽し
　て成長することがある。

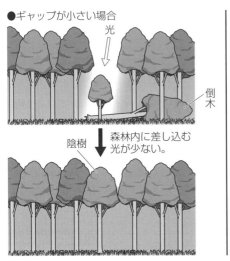

●ギャップが小さい場合

光

倒木

陰樹　森林内に差し込む
　　　光が少ない。

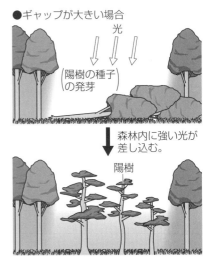

●ギャップが大きい場合

光

（陽樹の種子
の発芽）

森林内に強い光が
差し込む。

陽樹

ギャップの大きさと樹種の入れ替わり

教科書
p.159　発展　**土壌中の栄養塩類が乏しい環境に進入する植物**

・伊豆大島などの火山島の先駆種：地衣類やコケ植物，イタドリなどの多年生
　草本以外にオオバヤシャブシなどの陽樹がみられることがある。

・オオバヤシャブシは乾燥に強く，根で窒素固定細菌（根粒菌）と共生している。

→溶岩や火山灰が堆
積したような，植
物の生育に必要な
窒素化合物がほと
んど含まれていな
い場所でも生育で
きる。

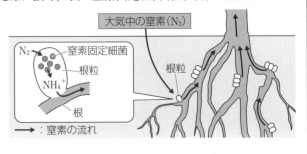

大気中の窒素（N_2）

N_2　窒素固定細菌

根粒

根粒

NH_4^+

根

⟶ ：窒素の流れ

窒素固定細菌…大気中の窒素からアンモニウムイオン（NH_4^+）をつくり出す
　ことができ，オオバヤシャブシはこれを窒素源として利用している。

⑤**一次遷移**　火山の噴火などによってできた裸地からはじまる遷移。乾性遷移と湿性遷移に分けられる。

・**乾性遷移**：陸上ではじまる遷移。

⑥**湿性遷移**　湖沼などからはじまる遷移。湖沼などに土砂や植物の遺骸が堆積して進行する。湿原を経て草原となった後は，乾性遷移と同じ過程をたどる。

ⓐ湖沼：しだいに土砂が堆積して，クロモなどの沈水植物（植物体が水中に沈む植物）が繁茂するようになる。

→その後，ヒシなどの浮葉植物（葉が水面に浮かぶ植物）が水面全体をおおう。

ⓑ湿原：土砂の流入に加えて，植物の遺骸も堆積していき，水深が浅くなり，湖や沼はしだいに湿原へと変化する。

ⓒ草原：土砂や植物の遺骸がさらに堆積して乾燥化が進むと，湿原は草原へと移り変わっていく。

→その後，草原は低木林を経て森林となる。

もっと詳しく
湖沼が浅くなるにつれて，沈水植物から浮葉植物，そして抽水植物（植物体の一部が水面に出る植物）の順に遷移が進む。

教科書の整理　第4章

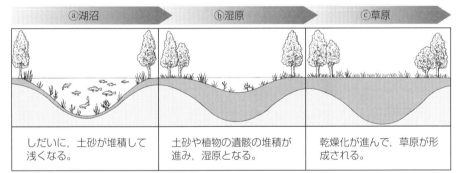

ⓐ湖沼	ⓑ湿原	ⓒ草原
しだいに，土砂が堆積して浅くなる。	土砂や植物の遺骸の堆積が進み，湿原となる。	乾燥化が進んで，草原が形成される。

湿性遷移

⑦**二次遷移**　すでに形成されていた植生が破壊され，土壌などが存在している状態からはじまる遷移。

・伐採や山火事などで森林が破壊された場所などでみられる。

→土壌がすでに存在するため，植物が進入しやすい。

・土壌中に種子や地下茎が残っていたり，切り株から新しい芽が伸びたりする。

→比較的短時間で遷移が進む。

・二次林：二次遷移で生じた森林。陽樹で構成されることが多いが，遷移が進むと陰樹が優占するようになる。

テストに出る
二次遷移は土壌が存在している状態からはじまることをおさえる。

第②節 バイオーム

教科書 p.162〜179

1 遷移とバイオーム

①**バイオーム**（生物群系） ある環境に適応した植物や動物，菌類，細菌類などが互いに関係をもちながら形成する特徴のある集団。

・陸上のバイオームは，そこに生育する植物に依存して成り立つため，植生の違いをもとに区別され，相観によって分類される。

　←その理由は陸上の動物や菌類，細菌などは，植物の光合成によってつくられた有機物を利用して生活し，また動物は植物をすみかとすることがあるため。

②**世界のバイオームとその分布を決める要因** 世界には，森林や草原，荒原のバイオームがみられる。

・西アフリカにおけるバイオームの分布：荒原のバイオームである砂漠や草原のバイオームであるサバンナ，森林のバイオームである雨緑樹林や熱帯多雨林が分布する地域がある。

　→砂漠やサバンナは森林に遷移することなく，荒原，草原のままで長期間維持されている。

　→西アフリカでは，降水量がバイオームの分布を決める要因の1つとなっている。

> **テストに出る**
> 陸上のバイオームは，植生の相観によって分類されることを理解しておこう。

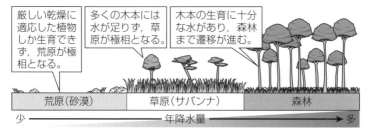

西アフリカにみられるバイオームの分布と年降水量の関係

・北アメリカ北部におけるバイオームの分布：北アメリカ北部には，荒原のバイオームであるツンドラが分布していて，遷移することなく，長期間維持されている。

　→北アメリカ北部では，気温がバイオームの分布を決める要因の1つとなっている。

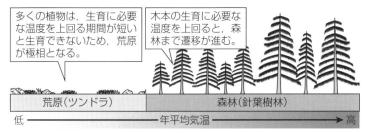

多くの植物は，生育に必要な温度を上回る期間が短いと生育できないため，荒原が極相となる。

木本の生育に必要な温度を上回ると，森林まで遷移が進む。

荒原（ツンドラ）　　森林（針葉樹林）

低　　——年平均気温——　　→高

北アメリカ北部にみられるバイオームの分布と年平均気温との関係

・世界のバイオームの分布：年降水量と年平均気温は，それぞれの地域のバイオームを決める主要な要因となっている。

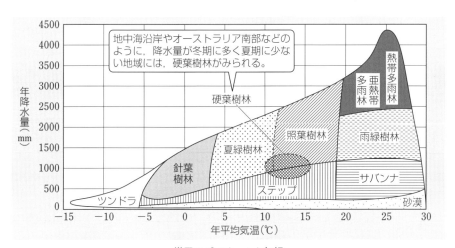

地中海沿岸やオーストラリア南部などのように，降水量が冬期に多く夏期に少ない地域には，硬葉樹林がみられる。

世界のバイオームと気候

③日本のバイオーム

・**水平分布**：緯度の違いに伴う水平方向のバイオームの分布。
・年降水量が豊富な地域では，年平均気温が −5℃以上で森林が成立する。
　→条件を満たすので，日本列島にはふつう森林のバイオームがみられる。
・日本列島は南北に長く，3000 km にも及ぶ。
　→緯度によって年平均気温が異なる。
　→その気温に適応した植物が極相の優占種や構成種となる。
　→北から，針葉樹林，夏緑樹林，照葉樹林，亜熱帯多雨林と，異なる種類の森林のバイオームが分布している。

教科書の整理　第4章

もっと詳しく
バイオームの境界線はおおよその区分を示す。気温と降水量のみで厳密にバイオームが決まるわけではない。

教科書の整理　第4章

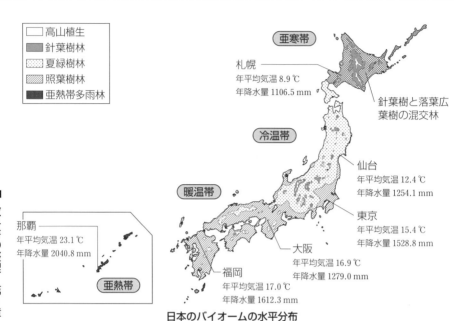

日本のバイオームの水平分布

バイオーム	日本での分布	特　徴
針葉樹林	北海道東部	トドマツ，エゾマツなどの耐寒性の強い常緑針葉樹が優占する。
夏緑樹林	北海道西南部の低地～本州東北部	ブナ，ミズナラ，カエデ類などの冬季に落葉する落葉広葉樹が優占する。
照葉樹林	関東平野～本州西南部および九州・四国の低地	スダジイ，アラカシ，タブノキ，クスノキなどの常緑広葉樹が優占する。
亜熱帯雨林	九州南端～沖縄	スダジイやタブノキなどの常緑広葉樹が優占するなかに，アコウやガジュマルなどの亜熱帯性の高木がみられる。河口付近にはマングローブが分布する。

日本のバイオーム

・**垂直分布**　標高の違いに対応したバイオームの分布。

　例　本州中部の低地には照葉樹林が分布しているが，山岳部
　　には針葉樹林が分布している。

・気温は，標高が 100 m 上がるごとに，およそ 0.5～0.6℃ず
　つ低下する。

　→気温の変化に伴って植生の構成種や優占種が変化する。

　→本州中部では，標高の低い方から順に，照葉樹林，夏緑樹
　　林，針葉樹林，高山植生がみられる。

テストに出る

水平分布は緯度の違い，垂直分布は標高の違いに伴うことをおさえよう。

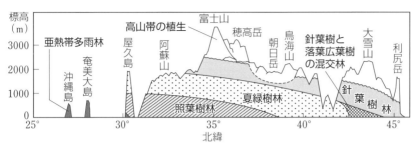

日本のバイオームの垂直分布

・**分布帯**：照葉樹林→丘陵帯，夏緑樹林→山地帯，針葉樹林→
亜高山帯，高山植生→高山帯
・分布帯の境界となる標高は，緯度によって異なり，低緯度地
方では高く，高緯度地方では低くなる。
・**森林限界**：高山などにおいて，低温などの環境条件によって
森林が成立できなくなる境界。
　例　本州中部の場合…亜高山帯の上限が森林限界となる。
・**高山植生**：森林限界の上に位置する高山帯でみられる，低木
や草本などからなる特有の植生。
・**高山草原**(お花畑)：草本の高山植物が群生する。短い夏の間
にいっせいに開花・結実するようすがみられる。

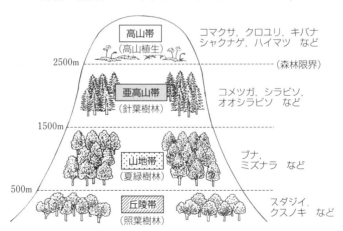

本州中部の垂直分布

④世界のバイオームと気候

●森林

・熱帯多雨林：熱帯のバイオーム

　分布…年間を通して高温多湿な地域(東南アジア，中南米，アフリカなど)。

　特徴…高さが50mを超えるフタバガキなどの常緑広葉樹，つる植物(他の植物などを支えにして高く成長し，空間を利用して生育する植物)，着生植物(土壌に根を下ろさず，他の樹木や岩などに固着して生育する植物)など，100m四方に600種を超えるほどの多種多様な植物が生育する。

　その他…熱帯よりやや気温が低くなる時期がある亜熱帯では，亜熱帯多雨林が分布し，アコウ・ガジュマルなどの常緑広葉樹やヘゴなどの木生シダ類がみられる。熱帯・亜熱帯の河口にはマングローブがみられる。

・雨緑樹林：熱帯・亜熱帯のバイオーム

　分布…季節によって降水量が大きく変動し，雨季と乾季がくり返される地域(東南アジア，アフリカなど)

　特徴…雨季に葉をつけ，乾季に落葉するチークなどの落葉広葉樹が優占している。

・照葉樹林：温帯のバイオーム

　分布…温帯のなかでも暖かい地域(中国東南部や日本西南部)。

　特徴…シイ類やカシ類など，クチクラ層(ロウなどが葉の表面をおおったもので，乾燥や雨水から葉の内部を保護する)が発達した硬くて光沢がある葉をもつ常緑広葉樹が優占している。

・夏緑樹林：温帯のバイオーム

　分布…温帯のなかでも寒い地域(日本の東北部を含む東アジア，北アメリカ東岸，ヨーロッパなど)。

　特徴…ブナ，ミズナラ，カエデ類など，冬季に落葉する落葉広葉樹が優占している。

・針葉樹林：亜寒帯のバイオーム

　分布…冬が長く寒さの厳しい亜寒帯地域(シベリアや北アメリカ北部など)。

テストに出る

気温が高い方から，熱帯多雨林→亜熱帯多雨林→照葉樹林→夏緑樹林→針葉樹林と順番を覚えよう。

もっと詳しく

夏は日差しが強く乾燥するので，葉のクチクラ層が発達することで，耐乾性が高くなる。

教科書の整理　第４章

特徴…樹種の多様性が低く，数種類の樹木からなる場合もある。多くはモミ類やトウヒ類など，耐寒性の強い常緑針葉樹が優占する。シベリア東部では，落葉針葉樹のカラマツ類が優占種となる。

・硬葉樹林：温帯のバイオーム

分布…温帯のうち，冬は比較的温暖で降水量が多く，夏は暑くて乾燥が激しい地域（地中海沿岸，オーストラリア南部など）。

特徴…オリーブ，ユーカリ，ゲッケイジュなど，乾燥に適応した硬くて小さい葉をもつ常緑広葉樹が優占している。

●草原

・サバンナ：熱帯のバイオーム

分布…雨季と乾季があり，年降水量が少ない地域（アフリカや南アメリカなど）。

特徴…イネのなかまの植物を主体とし，アカシアなどの低木がまばらに生育する。

・ステップ：温帯と亜寒帯のバイオーム

分布…温帯と亜寒帯のうち，年降水量の少ない地域（ユーラシア大陸中央部，北アメリカ中央部など）。

特徴…イネのなかまの植物が主体で，樹木はほとんど生育しない。

●荒原

・砂漠

分布…年降水量が 200 mm に達しない乾燥地域（アフリカ北部やアラビア半島，中央アジア，北アメリカ西部など）。

特徴…サボテンやトウダイグサなど，厳しい乾燥に適応した植物が点在する。

・ツンドラ：寒帯のバイオーム

分布…年平均気温が－5℃以下になる寒帯地域（北極圏）。

特徴…土壌が未発達で，栄養塩類が少ないため，地衣類やコケ植物などが主体である。コケモモのような木本もみられるが，樹高がきわめて低い。

もっと詳しく
針葉樹は，葉の細胞内の水を細胞外に排出することによって，細胞が凍結しにくいしくみをもつ。

もっと詳しく
「サバンナは樹木あり，ステップは樹木なし」と覚えよう。

もっと詳しく
ツンドラの地下には永久凍土の層があり，低温のため，分解者による落葉などの分解が遅く，栄養塩類が少ない。

教科書の整理　第4章

観察・資料のガイド

教科書 p.146 🔍 観察　5. 植生と光・土壌の関係を調べよう

方法　(c)土壌の硬さ

同じ太さの釘を使うこと。また，500 mL のペットボトルを落とす高さはすべて同じにする。

←釘に加わる力の大きさを同じにするため。

正確な値を測定するために，同じ場所で複数回調査を行い，その平均を求める。

考察　釘の刺さる深さが深いほど，土壌が柔らかいことがわかる。

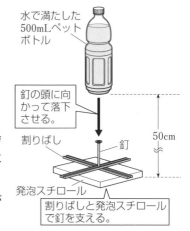

水で満たした500mLペットボトル

釘の頭に向かって落下させる。

50cm

割りばし　　　釘

発泡スチロール

割りばしと発泡スチロールで釘を支える。

思考力UP↑

実験の結果より，草地の方が森林よりも照度が高く，土壌が硬いことがわかる。よって，植生が異なると光・土壌の環境も違うと考えられる。

樹木が密に生育しているために，森林の内部には光が届きにくく，草地よりも照度がかなり小さくなる。また，森林の土壌には腐植（植物の落葉・落枝および生物の遺骸や排出物などが分解されて生じた有機物）が含まれているので，森林の土壌は暗い色をしていて柔らかい。草地は光が十分に当たるため，土壌が乾燥しやすく，硬くなる。

このように，植生と光・土壌の環境は，それぞれ密接に関係していると考えられる。

教科書 p.151 ● 観察　6. 陽葉と陰葉の断面の観察

ガイド

│方法│ 2．なるべく薄い切片をつくるために，短冊状に切り取った切片を，ピスにはさみ，かみそりの刃を手前に引くようにして，ピスごと葉を薄く切る。

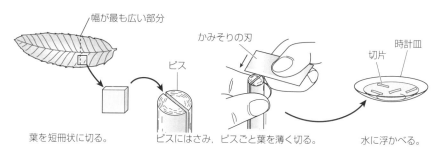

幅が最も広い部分 / かみそりの刃 / ピス / 切片 / 時計皿

葉を短冊状に切る。　ピスにはさみ，ピスごと葉を薄く切る。　水に浮かべる。

│結果│ 陽葉と陰葉では，表皮の厚さにはほとんど違いがみられないが，葉肉の厚さが異なることがわかった。

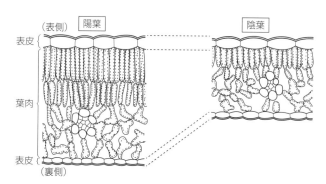

（表側）陽葉　　　陰葉
表皮
葉肉
表皮
（裏側）

│考察│ 強い光が当たる場所につく陽葉は，葉が厚くても内部まで光合成に必要な光が届くため，葉肉の部分が厚くなっていて，効率よく光合成が行われる。一方，弱い光しか当たらない場所につく陰葉は，葉が厚いと光合成に必要な光が内部まで十分に届かないので，葉肉の部分が薄くなっている。
→陽葉と陰葉は当たる光の強さに適した形態をしている。

観察・資料のガイド　第4章

教科書 p.153 ／ 資 料 **11. 伊豆大島の調査結果から遷移の要因を考察しよう**

ガイド ┃ 考察 ┃

	A 地点	B 地点	C 地点	D 地点
溶岩噴出年代(年前)	約 10	約 180	約 1270	推定約 4000
植 生	荒原	陽樹の低木林	陽樹と陰樹の混交林	陰樹林
植生の高さ(m)	0.6	2.8	9.2	12.5
地表の照度(%)[1]	90	23	2.7	1.8
土壌の厚さ(cm)	0.1	0.8	40	37
土壌中の有機物量(%)	0.3	6.4	20	31

※１　植生の最上部の照度を 100 としたときの相対値

思考力UP↑

1. 溶岩の噴出年代が古い順に並べると，D 地点，C 地点，B 地点，A 地点となる。
2. 植物が生育するに伴って，繁った葉などによって地表への光が遮られる。
3. 土壌中の有機物は，植物の落葉・落枝および生物の遺骸や排出物が土壌生物などによって分解されてできたものである。

1. 溶岩噴出年代が古いものほど遷移が進んでいると考えられる。溶岩の噴出年代が新しいものから順に，A 地点→B 地点→C 地点→D 地点となるので，荒原(A 地点)→陽樹の低木林(B 地点)→陽樹と陰樹の混交林 (C 地点)→陰樹林(D 地点)の順に植生が変化したと考えられる。

2. 植生の高さと地表の明るさの変化をグラフに表すと，次ページの図のようになる。グラフから，地表の照度は，植生の高さによって異なり，植物が生育するのに伴って光を遮るために地表は暗くなっていき，森林が形成されるとさらに暗くなっていったことがわかる。
　→地表付近が暗くなるにしたがい，樹種は陰樹へと変化していったと考えられる。

表現力UP↑

植生の変化と光環境の変化の関係がわかるようなグラフを作成するのだから，グラフの横軸には，植生の異なる4地点を，植生が移り変わる順になるように並べる。

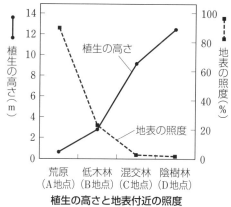

植生の高さと地表付近の照度

3. 土壌の厚さと土壌中の有機物量の変化をグラフに表すと，下の図のようになる。

　グラフから，土壌の厚さは，低木林から混交林に変化するところで急に厚くなっていることがわかる。これは，低木林から混交林に変化するところで，生育する植物の遺骸や落葉・落枝が大きく増加したと考えられる。また，植生が移り変わるにつれて土壌中の有機物量が増加していることから，荒原から陰樹林へと移り変わるにしたがい，生物量がふえていったと考えられる。

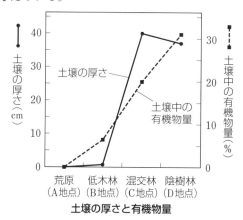

土壌の厚さと有機物量

4. 植生の変化に伴って，光環境や土壌環境が変化し，この光環境や土壌環境の変化を要因として遷移が進行すると考えられる。

観察・資料のガイド　第４章

資料　12. バイオームの分布を決める要因について考えよう(1)

教科書 p.163

考察

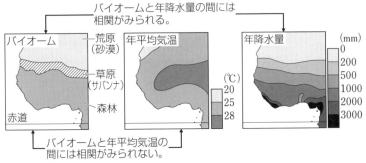

バイオームと年降水量の間には相関がみられる。

バイオーム	年平均気温	年降水量	(mm)

荒原（砂漠）
草原（サバンナ）
森林
赤道

(℃) 20 25 28

0 200 500 1000 2000 3000

バイオームと年平均気温の間には相関がみられない。

思考力 UP↑

西アフリカのバイオームの分布は，年降水量と相関がみられる。
年降水量が多いところでは遷移が進み，森林のバイオームが分布しているが，年降水量が少ないところでは遷移が進まず，荒原や草原が維持されている。

西アフリカでは，広い範囲で年平均気温が20℃を超えている。
→年平均気温はバイオームの分布を決めている要因にならない。
　年降水量は，緯度が低くなるにつれてふえており，バイオームの分布と相関がみられる。
→年降水量が少ない地域には荒原，やや多い地域には草原，多い地域には森林のバイオームが分布する。
→水は，植物の生育に必要で，特に木は草よりも多量の水が必要となる。
　よって，この地域の荒原や草原は降水量が少ないために遷移がそれ以上進まず，その状態で維持されていると考えられる。
　以上より，降水量はバイオームの分布を決める要因の１つで，西アフリカのバイオームの分布を決めている要因といえる。

観察・資料のガイド　第４章

資料　**13. バイオームの分布を決める要因について考えよう⑵**

| 考察 |

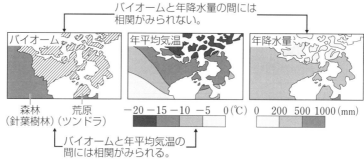

この地域でバイオームの分布と相関がある要因は年平均気温で，年平均気温が非常に低い地域では，荒原から遷移が進まないと考えられる。

北アメリカ北部では，地域による年降水量の差が小さい。

→年降水量はバイオームの分布を決めている要因にならない。

　年平均気温は高緯度地域に向かって低下しており，バイオームの分布と相関がみられる。

→温度は，植物の生育に影響を与える。ツンドラが分布する地域の平均気温は非常に低いため，厳しい環境の中では多くの生物が生育できず，荒原から遷移が進まないと考えられる。

　気温はバイオームの分布を決定する要因の１つで，北アメリカ北部のバイオームの分布を決めている要因といえる。

TRY のガイド

教科書
p.149　１日のうち最も強い光の強さが光補償点である植物は，その地域で生育で
きるだろうか。

ポイント　　光補償点では，光合成速度と呼吸速度が等しい。

解き方　　光補償点では，光合成速度と呼吸速度が等しいため，見かけの光合成速
度は０になる。よって，植物が成長するために必要な栄養分をつくり出す
ことができない。この場合，１日のうち最も強い光の強さが光補償点なの
で，光補償点未満の光の強さの場合には見かけの光合成速度はマイナスに
なり，植物は生育できない。

答その地域では生育できない。

教科書
p.154　教科書 p.153 の表１では，土壌中の有機物量を測定している。土壌中の有
機物量はどのように測定されたのだろうか。その方法を考えてみよう。

ポイント　　有機物を燃焼すると二酸化炭素などが生じる。

解き方　　土壌は，岩石が風化して細かい粒状になった砂や泥などに，植物の落
葉・落枝などの分解によって生じた有機物が混入してできている。

土壌の試料を燃焼させても砂や泥には変化がみられないが，有機物は酸
化されて二酸化炭素や水蒸気が生じる。このため，加熱前の質量と加熱後
の質量の差から有機物量を測定することができる。

答土壌の試料を燃焼(酸化)させて減少した質量を測定する。

教科書
p.157　溶岩の噴出などによって新しくできた裸地に，溶岩の噴出前に生育してい
た樹木の種子を人為的にまいても，多くの場合，定着しない。その理由を説
明してみよう。

ポイント　　新しくできた裸地には土壌がない。

解き方　　溶岩の噴出などによって新しくできた裸地には土壌がないため，保水力
が弱く，栄養塩類が極端に乏しい状態にある。また，地表は直射日光にさ

らされて高温になり，乾燥している。よって，溶岩の噴出前に生育してい
た陽樹や陰樹の芽ばえは貧栄養や乾燥に弱いために成長しにくく，多くの
場合定着できない。

答 新しくできた裸地には土壌がないので，貧栄養や乾燥に弱い樹木の芽ばえ
が成長できないため。

教科書 p.165　教科書 p.165 図 28 から，ツンドラを除くと，森林，草原，荒原というおお
まかなバイオームの種類は，年降水量と年平均気温のどちらの要因によって
主に決まっていると考えられるだろうか。

ポイント　横軸は年平均気温，縦軸は年降水量を表している。

解き方　図 28 の世界のバイオームと気候の図で縦軸に注目すると，年降水量が
多いところでは森林，年降水量がやや多いところでは草原，年降水量が少
ないところでは荒原のバイオームが分布していることがわかる。

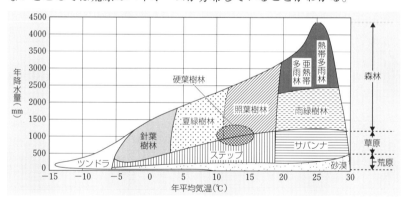

世界のバイオームと気候

　一方，横軸に注目すると，草原のバイオームでは年平均気温が高いとこ
ろではサバンナ，年平均気温が低いところではステップのバイオームが分
布していることがわかる。また，森林のバイオームでは，年平均気温が低
い方から順に，針葉樹林，夏緑樹林，照葉樹林，亜熱帯多雨林・熱帯多雨
林のバイオームが分布している。

　よって，森林，草原，荒原といったおおまかなバイオームの種類は主に
年降水量によって決まり，針葉樹林，夏緑樹林，照葉樹林，…といった細
かいバイオームの種類は主に年平均気温によって決まると考えられる。

答 おおまかなバイオームの種類は，年降水量によって決まる。

教科書 p.171 自分の地域の暖かさの指数を求めてバイオームを推測し，実際のバイオームと比較してみよう。

ポイント 暖かさの指数＝月平均気温が5℃を超える月の月平均気温−5℃を求め，1年分を合計した値

	1月	2月	3月	4月	5月	6月	7月	8月	9月	10月	11月	12月
札幌	−3.6	−3.1	0.6	7.1	12.4	16.7	20.5	22.3	18.1	11.8	4.9	−0.9
仙台	1.6	2.0	4.9	10.3	15.0	18.5	22.2	24.2	20.7	15.2	9.4	4.5
東京	5.2	5.7	8.7	13.9	18.2	21.4	25.0	26.4	22.8	17.5	12.1	7.6
福岡	6.6	7.4	10.4	15.1	19.4	23.0	27.2	28.1	24.4	19.2	13.8	8.9
那覇	17.0	17.1	18.9	21.4	24.0	26.8	28.9	28.7	27.6	25.2	22.1	18.7

気温の月別平均値（℃，1981年から2010年までの平均値）

解き方 右表より，各地の暖かさの指数は，次のようになる。

気候帯	暖かさの指数	バイオーム
寒　帯	9〜15	ツンドラ
亜寒帯	15〜45	針葉樹林
冷温帯	45〜85	夏緑樹林
暖温帯	85〜180	照葉樹林
亜熱帯	180〜240	亜熱帯多雨林
熱　帯	240以上	熱帯多雨林

暖かさの指数による気候帯とバイオームの区分

札幌：$(7.1-5)+(12.4-5)$
$+(16.7-5)+(20.5-5)$
$+(22.3-5)+(18.1-5)$
$+(11.8-5)=73.9$

仙台：$(10.3-5)+(15.0-5)$
$+(18.5-5)+(22.2-5)$
$+(24.2-5)+(20.7-5)+(15.2-5)+(9.4-5)=95.5$

東京：$(5.2-5)+(5.7-5)+(8.7-5)+(13.9-5)+(18.2-5)+(21.4-5)$
$+(25.0-5)+(26.4-5)+(22.8-5)+(17.5-5)+(12.1-5)+(7.6-5)$
$=124.5$

福岡：$(6.6-5)+(7.4-5)+(10.4-5)+(15.1-5)+(19.4-5)+(23.0-5)$
$+(27.2-5)+(28.1-5)+(24.4-5)+(19.2-5)+(13.8-5)+(8.9-5)$
$=143.5$

那覇：$(17.0-5)+(17.1-5)+(18.9-5)+(21.4-5)+(24.0-5)$
$+(26.8-5)+(28.9-5)+(28.7-5)+(27.6-5)+(25.2-5)+(22.1-5)$
$+(18.7-5)=216.4$

よって，札幌は冷温帯，仙台，東京，福岡は暖温帯，那覇は亜熱帯。

 答 略

章末問題・特講のガイド

教科書 **p.180～182**

❶ 陰生植物と陽生植物の光合成

関連：教科書 **p.149～150**

図は，2種類の植物における光の強さと光合成速度の関係を示している。

(1) A，Bのような光の強さは，それぞれ何と呼ばれるか。

(2) アのようなAとBがともに高い性質を示す植物は何と呼ばれるか。また，イのようなAとBがともに低い性質を示す植物は何と呼ばれるか。

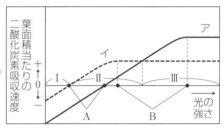

(3) アの植物がイの植物よりも生育に有利である光の強さの範囲を，Ⅰ～Ⅲのなかから選べ。

ポイント 光の強さが光補償点よりも弱いと，植物は生育できない。

解き方 (1) Aの光の強さでは，葉面積当たりの二酸化炭素吸収速度は0なので，Aは光合成速度と呼吸速度が等しい光補償点を表している。Bよりも強い光を当てても葉面積当たりの二酸化炭素吸収速度は変化しないので，Bは光飽和点を表している。

(2) アのグラフは，光補償点（A）と光飽和点（B）がともに高いので，日当たりのよい場所に生育する陽生植物を表している。イのグラフは，光補償点（A）と光飽和点（B）がともに低いので，弱い光の場所に生育する陰生植物を表している。

(3) 光の強さが光補償点よりも低いと，植物は生育できないので，アは光の強さがⅡのグラフと重なるA以降とⅢ，イはⅡとⅢで生育できる。また，見かけの光合成速度が大きいほど，生育に有利である。よって，光の強さがⅡの範囲では，イの見かけの光合成速度が大きいので，イが生育に有利である。一方，光の強さがⅢの範囲では，アの見かけの光合成速度が大きいので，アが生育に有利である。

答 (1) A：光補償点　　B：光飽和点

(2) ア：陽生植物　　イ：陰生植物

(3) Ⅲ

章末問題・特講のガイド　第4章

❷ 遷移のしくみ

関連：教科書 p.155〜160

遷移に関する以下の問いに答えよ。

(1) 一次遷移について述べたア〜オの文を，遷移の順に並べ替えよ。

ア．土壌の形成が進み，草原が形成される。

イ．陽樹と陰樹の混じった混交林が形成される。

ウ．地衣類やコケ植物などが定着し，土壌が形成されはじめる。

エ．陰樹の幼木が林床で生育して成長し，陰樹林が形成される。

オ．陽樹の低木林が形成される。

(2) 陸上ではじまる遷移を何というか。また，湖沼などではじまる遷移を何というか。

(3) 森林が山火事によって破壊された場所などでみられる遷移を何というか。

ポイント 一次遷移：裸地・荒原→草原→低木林→陽樹林→混交林→陰樹林

解き方 (1) ア．土壌が形成されはじめると，やがて成長の速いススキなどの草本が優占するようになり，陽生植物の草原が形成される。

イ．陽樹林の林床では光が減少し，陽樹の芽ばえは育ちにくいが，陰樹の芽ばえは生育できるため，混交林が形成される。

ウ．新しくできた裸地は土壌がないため，保水力が弱く，栄養塩類が極端に乏しい。そのため，貧栄養や乾燥に耐性をもつ，地衣類やコケ植物などの先駆種が進入する。先駆種が定着すると，これらの遺骸や風化した岩石によって土壌が形成されはじめる。

エ．陽樹の成木が枯れると陰樹のみが残り，陰樹林が形成される。

オ．強い光のもとでは陽樹の芽ばえの方が速く成長するので，陽樹の低木林が形成される。

読解力UP↑

アでは「草原」，イでは「混交林」，ウは「地衣類やコケ植物」，エでは「陰樹林」オでは「低木林」がキーワードとなる。

答 (1) ウ→ア→オ→イ→エ

(2) 陸上ではじまる遷移：**乾性遷移**，
湖沼などではじまる遷移：**湿性遷移**

(3) **二次遷移**

❸ 植生の遷移

関連：教科書 p.155〜158

植生の遷移に関する次の文の（　　）に適する語を，下の語群から選べ。

火山などで新しくできた場所は，土壌がないため，（　1　）が弱く，（　2　）が極端に乏しい。また，地表面は，直射日光にさらされて高温となる。そのため，遷移初期には貧栄養で乾燥した環境に耐性をもつ生物が進入することが多い。このような生物を（　3　）という。（　3　）が定着すると，これらの遺骸や風化した岩石によって土壌が形成され，（　4　）が形成される。

さらに土壌の形成が進むと，アカマツなどの（　5　）が進入するようになる。（　5　）が成長するにつれ，林床の光が減少する。林床が暗くなるにつれて，（　5　）の芽ばえは育ちにくくなるが，（　6　）の芽ばえは生育できる。その結果，（　5　）と（　6　）の混交林が形成される。その後，（　5　）の成木が枯れ，（　6　）のみが残って（　7　）が形成される。（　7　）では構成種に大きな変化がみられない。このような状態の森林は，（　8　）と呼ばれる。

（　8　）において，高木が枯死したり台風などによって倒れたりして林冠が途切れた部分を（　9　）という。形成された（　9　）が大きい場合には，林床まで光が差し込み，（　5　）が育つこともある。

【語群】　保水力　　　光補償点　　栄養塩類　　先駆種　　優占種
　　　　　陽生植物の草原　　陰樹　　　陽樹　　　陰樹林　　陽樹林
　　　　　極相林　　　ギャップ

章末問題・特講のガイド　第4章

ポイント 林床では，陽樹の芽ばえは育ちにくいが陰樹の芽ばえは生育できる。

解き方　火山の噴火などによって新しくできた裸地は，土壌がないため，保水力（1）が弱く，植物が生育するうえで必要となる，窒素やリンを含む栄養塩類（2）が極端に乏しい。さらに，地表面は直射日光にさらされて高温となり，乾燥する。そのため，貧栄養や乾燥に耐性をもつ生物が最初に進入しやすい。このような遷移の初期段階にみられる種は，先駆種（パイオニア種）（3）と呼ばれる。先駆種が定着すると，これらの遺骸や風化した岩石によって土壌が形成されはじめ，成長の速いススキなどの草本が優占するようになり，陽生植物の草原（4）が形成される。

草本の成長によって土壌の形成がさらに進むと，アカマツなどの木本が生育するようになる。このとき進入する木本の多くは陽樹（5）である。

森林の形成過程では，一般に陽樹が先に成長して高木に達し，陽樹林が形成される。森林の成長に伴って，林床では光が減少し，陽樹の芽ばえは育ちにくくなるが，陰樹（6）の芽ばえは生育できる。その結果，陽樹と陰

樹の混ざった混交林が形成される。やがて，陽樹の成木が枯れると，陰樹のみが残って，陰樹林（7）が形成される。陰樹林では陰樹の幼木が育って成木と入れ替わるため，構成種に大きな変化がみられなくなる。このような安定した植生の状態の森林を極相林（8）という。

　　極相林において，林冠を構成する高木が枯死したり台風などで倒れたりして生じた林冠の隙間をギャップ（9）と呼ぶ。

答　1：保水力　　　2：栄養塩類　　　3：先駆種

　　4：陽生植物の草原　　5：陽樹　　　6：陰樹　　　7：陰樹林

　　8：極相林　　　9：ギャップ

❹ 世界のバイオームと気候

関連：教科書 p.165，174～179

　下図は，年降水量および年平均気温と形成されるバイオームの関係を示している。A～Eに当てはまるバイオームの名称とその特徴をそれぞれ選べ。

【名称】

ア．ツンドラ

イ．硬葉樹林

ウ．熱帯多雨林

エ．ステップ

オ．針葉樹林

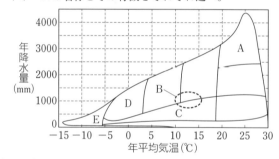

【特徴】

a．巨大な高木や着生植物など多様な植物が生育する。

b．イネのなかまなどの草本が優占する。

c．低温で土壌の栄養塩類も少なく，低木や草本などがわずかに生育する。

d．樹種の多様性が低く，耐寒性の強い常緑針葉樹が優占することが多い。

e．夏に乾燥するため，水の蒸発を防ぐクチクラ層が発達した葉をもつ植物が生育する。

ポイント　年降水量が多い方から，森林，草原，荒原となる。

解き方　A．熱帯多雨林は，熱帯のなかで，年間を通じて高温多雨な東南アジアや中南米，アフリカなどの地域にみられるバイオームである。高さが50mを超えるフタバガキなどの常緑広葉樹やつる植物，着生植物など，多種多様な植物が生育する。

B．硬葉樹林は，温帯のうち，冬は比較的温暖で降水量が多く，夏は暑くて乾燥が激しい地中海沿岸やオーストラリア南部などの地域にみられるバイオームである。オリーブやユーカリ，ゲッケイジュなど，水の蒸発を防ぐクチクラ層が発達した葉をもち，乾燥に適応した常緑広葉樹が優占している。

C．ステップは，温帯と亜寒帯のうち，年降水量の少ないユーラシア大陸中央部や北アメリカ中央部などの地域にみられるバイオームである。イネのなかまの植物が主体で，樹木はほとんど生育しない。

D．針葉樹林は，シベリアや北アメリカ北部などの冬が長くて寒さの厳しい地域にみられるバイオームである。樹種の多様性が低く，多くはモミ類やトウヒ類など，耐寒性の強い常緑針葉樹が優占する。

E．ツンドラは，北極圏などの年平均気温が－５℃以下となる寒帯地域にみられるバイオームである。土壌が未発達で，栄養塩類が少ないので，地衣類やコケ植物などが主体となる。コケモモのような木本もみられるが，樹高がきわめて低い。

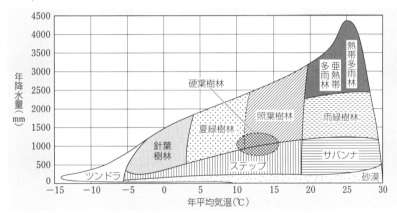

世界のバイオームと気候

🈝　A：ウ，a　　B：イ，e　　C：エ，b　　D：オ，d　　E：ア，c

❺ 日本のバイオーム

関連：教科書 p.166〜171

日本のバイオームに関する以下の問いに答えよ。

(1) 右図のような，緯度の違いによる気候の変化に対応したバイオームの分布は何と呼ばれるか。

(2) 右図のA，Bのバイオームの名称を答えよ。

(3) 標高の違いによってみられるバイオームの分布は何と呼ばれるか。

(4) (3)のような分布の違いが生じる理由を，下のア〜エから選べ。
  ア．標高が高くなるにつれて，降水量が増加するため。
  イ．標高が高くなるにつれて，照度が低下するため。
  ウ．標高が高くなるにつれて，気温が低下するため。
  エ．標高が高くなるにつれて，気温が上昇するため。

(5) (3)において，高木の森林がみられなくなる境界は何と呼ばれるか。

ポイント 緯度による水平分布，標高による垂直分布。

解き方 (1) 日本列島は南北に長く，緯度によって年平均気温が異なる。それぞれの地域では，その気温に適応した植物が極相林の優占種や構成種となり，異なる種類の森林のバイオームが分布する。このような，緯度の違いに伴う水平方向のバイオームの分布を水平分布という。

(2) 日本では，北海道東部では針葉樹林，北海道西南部の低地から本州東北部にかけて夏緑樹林，関東平野から本州西南部および九州・四国の低地では照葉樹林，九州南端から沖縄にかけて亜熱帯多雨林のバイオームが分布する。

(3) 標高の違いに対応したバイオームの分布は，水平分布に対して垂直分布と呼ばれる。本州中部では，標高の低い方から順に照葉樹林，夏緑樹林，針葉樹林，高山植生がみられる。

照葉樹林に対応する分布帯を丘陵帯，夏緑樹林に対応する分布帯を山地帯，針葉樹林に対応する分布帯を亜高山帯，高山植生に対応する分布帯を高山帯という。

(4)　標高が 100 m 上がるごとに，気温はおよそ 0.5～0.6℃ずつ低下する。気温の変化に伴って植生の構成種や優占種が変化するため，標高の高い山では標高の違いによって複数のバイオームが分布する。

> **思考力UP↑**
> 中学のときに学習した，空気が上昇すると気温が下がって雲ができることから，標高と気温の関係を考えよう。

(5)　高山などで，低温などの環境条件によって森林が成立できなくなる境界を森林限界といい，本州中部では，亜高山帯の上限が森林限界となる。森林限界の上に位置する高山帯では，低木や草本などからなる特有の植生がみられる。

答
(1)　水平分布
(2)　A：夏緑樹林　　B：照葉樹林
(3)　垂直分布
(4)　ウ
(5)　森林限界

知識を活かす

本州中部の周囲が夏緑樹林に囲まれた場所で植林を行う場合，どのような樹種を植えるとよいだろうか。考えてみよう。

ポイント　夏緑樹林では，冬季に落葉する落葉広葉樹が優占する。

解き方　周囲が夏緑樹林に囲まれた場所なので，夏緑樹林の優占種を植えるとよい。よって，ブナやミズナラ，カエデ類など，冬季に落葉する落葉広葉樹が適している。

答　ブナやミズナラ，カエデ類などの落葉広葉樹。

特講　気候データをグラフ化し，植生との関係を考えよう

関連：教科書 p.165，176〜177，182

Step 1　軸に配置する要素を決めよう

　表には，時間(月)，月平均気温(℃)，月降水量(mm)の３つの要素がある。１年間を通じた月平均気温と月降水量の変化を１つのグラフで表したいとき，横軸と縦軸にはそれぞれどの要素を配置すればよいか。

Step 2　目盛りの設定に必要な条件を確認しよう

　目盛りを設定するには，各要素の最小値と最大値を確認する必要がある。月平均気温と月降水量のそれぞれにおける最小値はいくらか。また，最大値はいくらか。

Step 3　グラフを描こう

(1)　ここでは都市ごとにグラフを作成しよう。方眼紙などにグラフの枠を描き，縦・横軸に Step 1 で確認した各要素を配置する。それぞれに目盛り，数値，単位，軸タイトルを記し，グラフタイトルを書く。ただし，２つのグラフで目盛りの位置，値，間隔などはそろえること。

(2)　それぞれの都市における月平均気温の変化を折れ線グラフで，月降水量の変化を棒グラフで描こう。

Challenge　グラフをもとに考察しよう

　２つの都市では，年平均気温と年降水量に大きな違いはみられないが，バンクーバーには硬葉樹林が，函館には夏緑樹林が分布する。その理由を，作成したグラフをもとに説明せよ。

ポイント　硬葉樹林と夏緑樹林は，降水量が多い時期が違う。

解き方　**Step 1**　ふつう，設定したり変化させたりする要素を横軸に，その要素によって変化する要素(測定される要素)を縦軸にとる。この場合，横軸には時間(月)，縦軸には月平均気温(℃)と月平均降水量(mm)をとる。

　Step 2　バンクーバーでは，平均気温の最大値は 17.9℃(８月)，最小値は 3.4℃(12月)，降水量の最大値は 193.5 mm(11月)，最小値は 37.2 mm(８月)，函館では，平均気温の最大値は 22.0℃(８月)，最小値は −2.6℃(１月)，降水量の最大値は 153.8 mm(８月)，最小値は 59.3 mm(２月，３月)である。よって，月平均気温の最大値は 22.0℃，最小値は −2.6℃，月降水量の最大値は 193.5 mm，最小値は 37.2 mm となる。

Step 3　(1)　グラフの横軸には時間(月)，一方の縦軸には月平均気温
　　　　(℃)，もう一方の縦軸には月降水量(mm)をとる。−2.6℃から
　　　　22.0℃まで記入できるように，月平均気温の目盛りは−5℃から
　　　　25℃までとする。37.2 mmから193.5 mmまで記入できるように，
　　　　月降水量の目盛りは0 mmから200 mmまでとする。

　　　(2)　月平均気温の変化の折れ線グラフを描くときは，それぞれの月の平
　　　　均気温をプロットし，プロットした点を直線でつないでいく。月降水
　　　　量の変化の棒グラフは同じ幅になるようにする。

Challenge　作成したグラフをみると，函館の方がバンクーバーよりも
　　冬季は気温が低く，夏季は気温が高いことがわかる。また，月降水量は，
　　バンクーバーでは冬季に多くて夏季に少なく，函館では夏季に多くて冬
　　季に少ないこともわかる。

答　Step 1　横軸：時間(月)　　　縦軸：月平均気温と月降水量
　　Step 2　最小値：月平均気温…−2.6℃　　　月降水量…37.2 mm
　　　　　　最大値：月平均気温…22.0℃　　　月降水量…193.5 mm

Step 3

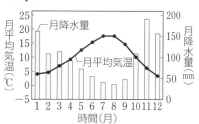
バンクーバーの月平均気温と月降水量の年間変化

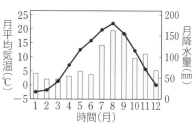
函館の月平均気温と月降水量の年間変化

Challenge　バンクーバーの夏季は，雨が少なく，乾燥する。また，冬
　　季は，比較的温暖である。したがって，常緑樹で乾燥に強い性質をもつ
　　常緑広葉樹が優占する硬葉樹林が分布している。一方，函館の夏季は雨
　　が多く，冬季は気温が低い。したがって，冬季に落葉する落葉広葉樹が
　　優占する夏緑樹林が分布している。

章末問題・特講のガイド　第4章

第5章　生態系とその保全

教科書の整理

第①節 生態系と生物の多様性

<u>1</u> **生態系の成り立ち**

①**生態系**　物質循環や生物どうしの関係性をふまえ，ある地域に生息している生物の集団とそれらを取り巻く環境を，1つの機能的なまとまりとしてとらえたもの。

・ある生物にとっての環境は，非生物的環境と生物的環境に分けて考えることができる。

　非生物的環境…温度，光，水，大気，土壌などからなる。
　生物的環境…同種と異種の生物からなる。

②**生態系の構造**　非生物的環境と生物は，互いに影響を及ぼし合う。

・**作用**：非生物的環境の生物に対する働きかけ。

・**環境形成作用**：生物の非生物的環境に対する働きかけ。

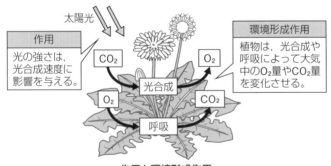

作用と環境形成作用

・**生産者**：無機物から有機物をつくり出す独立栄養生物。
　例　植物や藻類など。

・**消費者**：外界から有機物を取り入れて，それを利用して生活する従属栄養生物。
　例　動物や多くの菌類・細菌など。

　分解者…消費者のうち，遺骸や排出物を利用するもの。

⚠ここに注意
1つの生態系として扱われる単位は，1つの水槽から地球全体まで場合によってさまざまである。

🔍もっと詳しく
土壌動物や菌類・細菌などが分解者である。

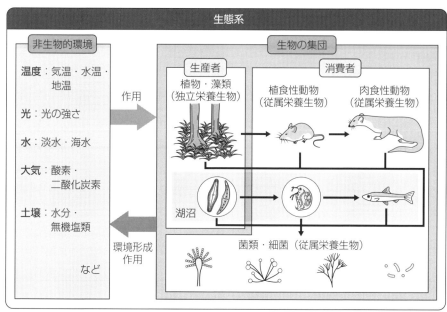

→ は，捕食などを通じた有機物の流れを示す。

生態系の構造

③**生態系を構成する生物** それぞれの生物の生活は，環境と密接に関わって成立するため，環境によって生物の種の多様性は異なっている。

・生物の種の多様性：さまざまな種類の生物が生息する森林の土壌にみられるような生物の種の多様さ。

・**生物多様性**：種の多様性も含め，生物にみられる多様性。

④**陸上の生態系** 陸上にはさまざまな環境が存在し，それぞれの環境に応じた生態系がみられる。

・陸上の生態系では，主に植物が生産者となり，昆虫や鳥類，哺乳類などさまざまな動物が消費者として生息する。

⑤**水界の生態系** 水界では，植物プランクトンや水生植物，藻類などが生産者，動物プランクトンや魚類，貝類などが消費者となる。

・補償深度：生産者が生育できる強さの光が届く下限の深さ。補償深度では，1日当たりの光合成量と呼吸量がほぼ等しくなる。補償深度よりも深いところでは，生産者は生育できない。

もっと詳しく
生物の多様性は，「生態系」「種」「遺伝子」の3つのレベルでとらえられる。

もっと詳しく
水中を浮遊して生活する生物をプランクトンという。

教科書の整理 第5章

教科書の整理　第５章

・海洋生態系：沿岸域では，河川から栄養塩類が供給され，大型の藻類や植物プランクトンが光合成を行う。

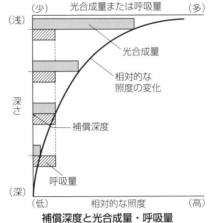

光合成量または呼吸量
（少）　　　　　　（多）
（浅）
光合成量
相対的な照度の変化
深さ
補償深度
（深）
呼吸量
（低）　相対的な照度　（高）

補償深度と光合成量・呼吸量

→海藻などが繁った藻場を隠れ場所，産卵場所として利用する魚類やエビのなかま，これらを捕食する生物などが集まって生態系を形成する。外洋域では，主に植物プランクトンが生産者となる。

・湖沼生態系：湖や沼では，多量の有機物や無機物が陸上から流入する。
　→１つの湖沼でも，水深，水中の栄養塩類の濃度，光の強さなどは場所によって異なり，生育する水生植物も異なる。
　→水生植物は，魚類などのすみかや産卵場所になる。

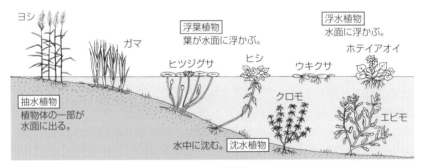

ヨシ
ガマ
浮葉植物
葉が水面に浮かぶ。
浮水植物
水面に浮かぶ。
ヒツジグサ
ヒシ
ウキクサ
ホテイアオイ
抽水植物
植物体の一部が水面に出る。
クロモ
エビモ
水中に沈む。　沈水植物

湖沼の水生植物

・陸上の生態系と水界の生態系：陸上の生態系と水界の生態系は，密接に関わり合っている。
　例　ヒグマなど，森林に生育する動物が川の魚を捕食する。
　　　川や海の植物プランクトンや植物，藻類は，森林から川などに流入した有機物や栄養塩類から得られた物質を取り込んで利用する。

⑥**人間生活と関わりの深い生態系**　人類は，陸地の多くを都市や農地などの人為的な影響の強い生態系に変えてきている。

・都市の生態系：都市の生態系では，街路樹や公園の樹木，空き地に生える草本などが生産者となる。鳥類や昆虫などが消費者となる。

　→都市の生態系では，廃棄物や園芸植物，建造物などの人間生活との関わりが深いものを利用できる生物の種が多い。

・農村の生態系：水田や畑が広がり，ため池や水路などがある。

　→周囲には，昔から人間の手で管理・利用されてきた雑木林や草地が広がっている。

　里山…人間の手で管理・利用されてきた雑木林や草地が存在する一帯のこと。環境に人間の手が入ることで，多くの生物の生活が成り立っている。

2 生態系における生物どうしの関わり

①**食物連鎖と食物網**

・**食物連鎖**：被食者と捕食者の連続的なつながり。

・**栄養段階**：栄養分の摂り方によって生物を段階的に分けたもの。生産者，生産者を食べる一次消費者，一次消費者を食べる二次消費者などに分けられる。

・**食物網**：実際の生態系でみられる食物連鎖で，直線的ではなく，複雑な網の目状のつながり。

　→自然界にはきわめて多くの種類の生物が生息していて，それぞれの動物が食物とする生物は1種類とは限らないため。

・**腐食連鎖**：落葉や遺骸などからはじまる食物連鎖。生産者がつくる有機物の90％以上は落葉・落枝や遺骸になる。

　→腐食連鎖は，生態系の物質循環で非常に重要な役割を担っている。

②**種の多様性と生物間の関係性**　生物間の被食-捕食の関係が種の多様性に影響を与えることがある。

・**キーストーン種**：生態系で食物網の上位にあって他の生物に大きな影響を与える種。

　例　食物網の最上位にいるヒトデを取り除くと，ヒトデに捕食されていたイガイが著しく増加し，他の生物が減少した。

👀もっと詳しく

水田では殺虫剤や除草剤などの農薬や化学肥料が使われることもあるため，生息する生物の数が減少し，なかには絶滅の危機にあるものもいる。

教科書の整理　第5章

👀もっと詳しく

キーストーン（要石）とは，アーチ形の石橋などの頂部にはめ込まれた石のことで，抜き取ると構造全体が崩れてしまう。

　絶滅…ある生物種が地球上から消失すること。その生物種が
　　生活してきた地域から消失することを指す場合もある。
・**間接効果**：２種の生物間にみられる捕食－被食のような関係
　が，それ以外の生物に及ぼす影響。
　　例 ラッコがウニを捕食し，そのウニがケルプ（コンブのな
　　かまで，大型の種の総称）を摂食する食物連鎖がみられる
　　場合。

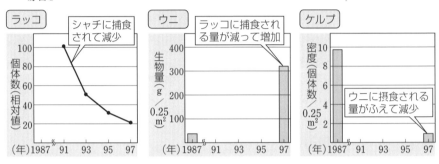

ラッコについては1991年から調査され,ウニとケルプについては1987年と1997年のみ調査されている。
ここでは,生物量を一定の範囲内に存在する生物体の重量で示している。

ラッコの減少に伴うウニとケルプの量的変化

→シャチがラッコを捕食するようになってラッコの個体数
　が減少した。
→ラッコが減少すると，ウニが爆発的にふえ，ケルプを多
　量に摂食するようになった。
→ケルプが激減した。
→ラッコとケルプの間には直接的な関係はみられないが，
　ウニを介したつながりがある。

⚠ここに注意

ラッコの個体
数の減少の原
因には，人間
による乱獲な
どもある。

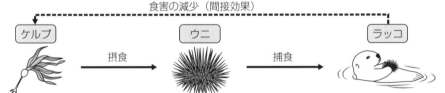

食害の減少（間接効果）

ケルプ　摂食→　ウニ　捕食→　ラッコ

ラッコによる間接効果

→ケルプの個体数が維持されていたのは，ラッコがウニを
　捕食することによる間接効果である。
→この生態系におけるキーストーン種はラッコであるとも
　いえる。

第②節 生態系のバランスと保全

教科書 **p.196～213**

1 生態系の変動と安定性

①**生態系のバランス**　生態系を構成する生物の個体数は，相互に関連していて周期的に変動することが多い。

→生物の個体数などは，ある範囲内で変動しながらバランスが保たれている。

例　カナダ北部のカンジキウサギと捕食者のオオヤマネコの個体数の周期的な変動

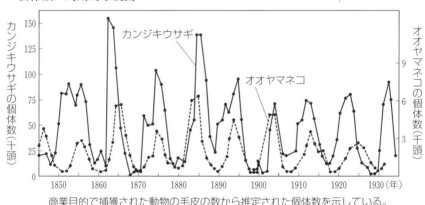

商業目的で捕獲された動物の毛皮の数から推定された個体数を示している。

カナダ北部におけるカンジキウサギとオオヤマネコの個体数の変動

カンジキウサギがふえると，捕食者であるオオヤマネコの個体数がふえる。

→カンジキウサギの数は，ある程度まで増加すると，食物の不足や捕食者の増加によってしだいに減少する。

→カンジキウサギの減少に伴い，オオヤマネコの個体数も減少する。

→捕食者のオオヤマネコが減少すると，カンジキウサギは再び増加する。

②**生態系のバランスと撹乱**　台風や火災，人間活動などによって生態系における環境が撹乱される。

→生態系の構成種やその生物の個体数などが通常の変動の範囲を超えて変化する。

教科書の整理　第 5 章

・**自然浄化**：生物の働きや泥や岩などへの吸着，沈殿，多量の水による希釈などによって，河川などに流入した汚濁物質が減少していく作用。

・撹乱を受けると，生態系を構成する環境や生物種の構成比などが変化する。

・生態系の**復元力**：撹乱の程度が小さければやがて撹乱を受ける前の状態に戻り，生態系のバランスが保たれること。

③撹乱の大きさと生態系のバランス　生態系の復元力を超えるような撹乱が起こると，生態系のバランスが崩れ，別の状態に移行して元に戻らないことがある。

・**富栄養化**：湖沼や海などで，栄養塩類が蓄積されて濃度が高くなる現象。

・富栄養化は，自然界でも湿性遷移の過程でみられるが，人間活動によって排出された有機物や栄養塩類によっても起こる。
→水中に排出された有機物は分解されて栄養塩類を生じる。
→栄養塩類が多量に供給されると，植物プランクトンが栄養塩類を吸収して異常に増殖し，赤潮やアオコが発生することがある。

赤潮…水面が広く赤褐色になる現象。

アオコ…水面が広く青緑色になる現象。

・プランクトンの出す毒素や，プランクトンが魚介類のえらに付着したりして，魚介類に被害が出る。

・増殖したプランクトンによって水の透明度が低下すると，補償深度が浅くなって藻場や沈水植物が減少・消失する。

・プランクトンの大量の死骸の分解に多量の酸素が消費され，水中の酸素が減少して，水生生物の大量死の原因となる。

栄養塩類の流入（富栄養化）
植物プランクトンの異常な増殖
・付着や毒素による水生生物への被害 ・水の透明度の低下 ・死骸の大量発生
・藻場や沈水植物の減少・消失 ・酸素濃度低下による水生生物の大量死
生態系が別の状態へ移行

赤潮やアオコの発生による
水界の生態系の変化

教科書の整理　第５章

テストに出る

自然浄化の方法には，吸着，沈殿，希釈などがあることを整理しておこう。

もっと詳しく

浅い湖では，深い湖よりも上下の水の循環が起こりやすいため，浅い湖では富栄養化が進みやすい。

もっと詳しく

栄養塩類の濃度が低い湖では，流入する栄養塩類がある程度増加しても，水生植物などが栄養塩類を吸収するため，栄養塩類の濃度は一定の範囲内に保たれる。

2 人間活動による生態系への影響とその対策

①人間活動による地球環境の変化―地球温暖化―

・**温室効果**：大気中の二酸化炭素やメタンなどが地表から放出
　される熱エネルギーを吸収して再び放出するときに，放出し
　た熱が地表に戻り，地表や大気の温度を上昇させる現象。

　温室効果ガス…二酸化炭素やメタンなど，温室効果をもたら
　　す気体。

・近年，地球全体の平均気温は徐々に上昇し，過去100年で約
　0.7℃上昇した。一方，二酸化炭素の大気中の濃度は，1985
　年には約350 ppm であったが，2016年には400 ppm を超
　えた。

> **もっと詳しく**
> ppmは100万
> 分の1。

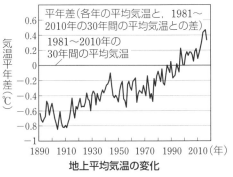

地上平均気温の変化

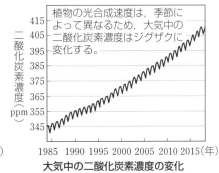

大気中の二酸化炭素濃度の変化

→平均気温と同じように二酸化炭素濃度にも上昇傾向がみら
　れるので，地球温暖化の原因は，二酸化炭素などの温室効
　果ガスの増加であると考えられている。

→人間活動による二酸化炭素の放出に対する対策を取らない
　と，21世紀末までに，地上平均気温は2.6〜4.8℃上昇す
　ると見積もられている。

→気温上昇に伴うさまざまな生物の生息環境の消失や，生息
　域の変化などが予想されている。

[例]　サンゴは，海水温が上昇すると白化現象が起こり，生息
　　に必要な栄養分を藻類から得られなくなるため死滅する。
　　白化現象…海水温が高くなり，サンゴと共生している藻類
　　　がサンゴから離脱するため，サンゴが白くなる現象。
　　　→サンゴを利用して生活しているさまざまな生物が生息で
　　　　きなくなり，そこに成立していた生態系が損なわれる。

> **もっと詳しく**
> 温室効果ガス
> には，二酸化
> 炭素やメタン
> 以外にフロン
> などもある。
> 水蒸気にも温
> 室効果がある。

教科書の整理　第5章

②人間による生物や物質の持ち込み

- **外来生物**：人間活動によって本来の生息場所から別の場所へ持ち込まれ，その場所にすみ着いた生物。国内で他の地域に移された生物も含まれる。
  - →外来生物は，人間や貨物の移動に伴って運ばれたり，養殖や観賞用として持ち込まれたりすることで，別の地域の生態系に侵入する。
- 本来の生息地には天敵となる捕食者が存在するので，その種だけが増殖することはない。
  - →生育に適した環境で，天敵となる捕食者がいないと，外来生物が増殖して，生態系のバランスを崩すことがある。
- **侵略的外来生物**：移入先の生態系や人間の生活に大きな影響を与える，またはそのおそれのある外来生物。
  - 例　オオクチバス…ブラックバスともいう。繁殖力が強い。
    フイリマングース…沖縄本島や奄美大島などで，ハブを駆除するために，その捕食者として導入された。
    - →フイリマングースは昼行性で，夜行性のハブをほとんど捕食しないことがわかった。
    - →奄美大島では，フイリマングースが希少種のアマミノクロウサギを捕食して生息域を縮小させたことがわかった。
    - →2005年から捕獲する作業をした結果，フイリマングースの個体数は年々減少し，アマミノクロウサギなどの在来種の個体数が回復している。
- **外来生物法**：2004年，日本で外来生物による在来種への影響の問題を解決するために制定された。
- **特定外来生物**：外来生物法で指定された，外来生物のなかで特に在来種に与える影響が大きいもの。100種類以上の生物が指定されており，飼育や栽培，保管，運搬が原則として禁止されている。

ここに注意
小笠原諸島に持ち込まれたヤギのように，国内で移動した生物も含まれることに注意する。

もっと詳しく
外来生物法の正式名称は，「特定外来生物による生態系等に係る被害の防止に関する法律」である。

テストに出る
代表的な特定外来生物の名称を覚えておこう。

③自然に対する働きかけの縮小

・里山：そこで暮らす人々の営みによってつくられた生態系の
　１つで，多様な環境が維持され，さまざまな生物が生息して
　いる。

　雑木林…主にコナラ，クヌギなどの落葉広葉樹からなり，定
　　期的に伐採されることで維持され，多くの野生生物に豊富
　　な食物や営巣場所を提供する。

　水田やため池…定期的に水を張ったり抜いたりすることで維
　　持され，トンボやカエルなど多様な生物の繁殖場所になる。

　里山一帯の環境…サシバなどの大型の鳥類の営巣場所や狩り
　　の場となる。

・近年，人間活動の変化に伴って里山の手入れがされず藪にな
　ったり，水田が放棄されたりして，さまざまな生物の生活に
　影響が現れている。

・里山の再評価：近年，里山の価値が再評価され，里山の生物
　多様性を維持しようとする取り組みが行われている。

④開発による生息地の変化

・生息地の分断：道路や河川におけるダムなどによって，生物
　の生息地が分断される。

　→生息地が分断されると，そこに生息する動物の行動が制限
　　され，生活や繁殖などに影響を与える。

　→生息地の分断は個体数の減少の原因になる。

　→動物の生息地の分断によって，動物によって種子や花粉が
　　運ばれる植物の繁殖にも影響を与える。

・ダムの建設による魚類への影響：ダムが建設されると，河川
　を遡上して産卵する魚種は，遡上することができなくなる。
　産卵できないため，その魚種の個体数は減り，将来的にはそ
　の河川にはいなくなる。

・生息地の分断は，そこに生息する生物の絶滅のリスクを高め，
　生物の多様性の低下につながるので，動物の行動を妨げない
　建設場所を選んだり，移動できるような工夫をしたりする必
　要がある。

もっと詳しく
里山の樹木は陽樹的な性質をもち，遷移の途中段階で優占する樹木。里山を維持するには，陰樹的な性質をもつカシなどの樹木を取り除く必要がある。

教科書の整理　第5章

もっと詳しく
道路によって生息地が分断される場合，道路を横断するためのトンネルや橋をつくるなどの対策がとられる。

もっと詳しく
魚がダムを越えるためには，魚道をつくるなどの対策をとる。

・**環境アセスメント**（環境影響評価）：道路やダム建設などの開発を行う際に，それが環境に及ぼす影響を事前に調査，予想，評価し，環境への適正な配慮がなされるようにすること。

→日本では，環境アセスメントの実施が環境影響評価法によって義務づけられている。

⑤**絶滅危惧種とその保護**

・**絶滅危惧種**：さまざまな原因によって絶滅のおそれがある生物。さまざまな人間活動によって，かつてないほどの勢いで，絶滅危惧種の数がふえている。

　　例　ダイトウオオコウモリ，ライチョウ，ナゴヤダルマガエル，ニホンウナギ，ゲンゴロウ，ヒゴタイ

・**レッドリスト**：絶滅のおそれがある生物について，その危険性の程度を判定して分類したもの。

・**レッドデータブック**：レッドリストにもとづいて分布や生息状況，絶滅の危険度などをより具体的に記載したもの。

・**種の保存法**：絶滅のおそれのある野生生物の種の保存を目的として制定された。

　希少野生動植物種…国外の生物に関してはワシントン条約などで取り上げられた生物，国内の生物に関しては，レッドリストやレッドデータブックに記載された生物のうち，人為的な影響によって絶滅が危惧されているもの。種の保存法によって指定され，販売や譲渡，捕獲・採集が禁止されている。

　　例　アホウドリ，タンチョウ，レブンアツモリソウなど。

・**アホウドリの保護**：伊豆諸島の鳥島に生息するアホウドリは，乱獲によって個体数が激減し，1981年には170羽になった。

→営巣地の環境改善や，安全で広い新たな営巣地に新しい個体を誘導した結果，2018年には，5000羽を超えるまでに増殖した。

⑥**生態系サービス**　私たちが生態系から受ける多様な恩恵。

　　例　水や食料，木材など→生態系から得ている。
　　　　酸素や浄化された水→生態系の働きで利用できる。
　　　　保養→登山や，川や海でのレクリエーション。

教科書の整理　第5章

テストに出る
代表的な絶滅危惧種は覚えておこう。

もっと詳しく
環境省のレッドリストでは，絶滅，野生絶滅，絶滅危惧Ⅰ類・ⅠA類・ⅠB類・Ⅱ類，準絶滅危惧などに分類される。

もっと詳しく
種の保存法の正式名称は，「絶滅のおそれのある野生動植物の種の保存に関する法律」といい，1992年に制定された。

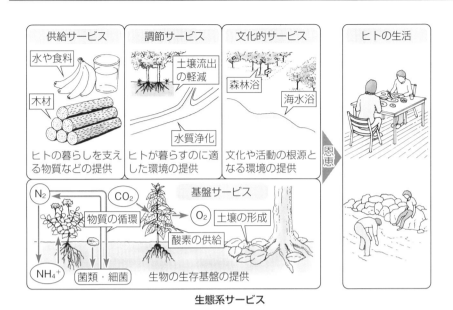

生態系サービス

⑦**持続可能な社会と生態系**　さまざまな人間活動がこのまま変化することなく続くと、多くの生態系でバランスが崩れ、生物多様性が失われる可能性が高い。

・生態系を構成する多様な生物の間では複雑な食物網が形成され、これらの生物は捕食－被食の関係以外にも、樹木が動物の生活空間になっていたり、昆虫が植物の花粉を運んだりするなど、互いにさまざまな関係をもちながら生活している。

→ある種が絶滅したり著しく減少したりした場合、どのような影響が生態系に現れるのか予想することが難しい。

・私たちの暮らしは、生態系サービスなしには成り立たない。

→生物多様性が高い生態系ほど、復元力や安定性が高く、生態系サービスも豊かになると考えられる。

→現状の生態系サービスを受け続けるためには、生物多様性の高い生態系を維持する必要がある。

→各国、各地方自治体などで生態系の保全に今後も積極的に取り組んでいくことが重要で、環境アセスメントもその取り組みの1つである。

→個人の行動も重要で、身のまわりの生物の生態を理解し、自分にできることを考えて行動することが求められる。

もっと詳しく
持続可能な社会とは、限られた資源や豊かな自然環境を保全しながら、現在の便利で豊かな生活を、現在そして将来の世代にわたって続けることができる社会のことである。

教科書の整理　第5章

実験・観察・調査・資料のガイド

教科書 p.186　観察　**7. 土壌生態系を構成する生物とその環境について調べよう**

方法　3．採取した大型の土壌生物
は，ピンセットで取り出して，
70％エタノール水溶液の入っ
たビーカーに入れる。エタノー
ル水溶液は，土壌動物の動きを
鈍らせて，観察しやすくするた
めに用いられる。

4．白熱電球は長時間使用すると
熱くなるので，手で触らないよ
うに注意する。

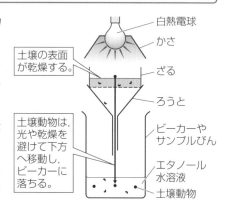

白熱電球
かさ
土壌の表面が乾燥する。
ざる
ろうと
土壌動物は，光や乾燥を避けて下方へ移動し，ビーカーに落ちる。
ビーカーやサンプルびん
エタノール水溶液
土壌動物

教科書 p.187　観察　**8. 環境の違いと種の多様性に関連があるか調べよう**

予想　土壌が形成されるほど多くの植物が生育するようになるため，植物の
落葉・落枝が増加し，土壌動物の個体数がふえるので，種の多様性が高く
なると考えられる。

結果

調査地	グラウンドの隅の草地	植え込み	照葉樹林
調査地の明るさ	非常に明るい	明るい	やや暗い
地面のようす	固くて乾燥している	やや固く，やや湿っている	やわらかく，湿っている
採取した生物の種類数	2	2	9
菌類の菌糸	なし	なし	あり

採取した生物の種類と個体数　　　　　　　　　数値は個体数を表す

トビムシのなかま	1	11	23
ダニのなかま	1	4	18
その他(ワラジムシ，クモ，ムカデ，ミミズなど)	0	0	10

種類が少なく，個体数も少ない　←→　種類が多く，個体数も多い

考察 グラウンドの隅の草地…日当たりがよいので乾燥し，土壌が固いため，土壌動物にとって生息しにくい環境である。

→生息する土壌動物の種類数や個体数が少なかった。

植え込み…土壌がやや固いが，やや湿っていて，植物によって落葉・落枝といった土壌動物の食物が供給される。

→グラウンドよりも個体数がやや多い。

照葉樹林…ほぼ日陰で土壌はやわらかく，さまざまな種類の植物が数多く生育する。

→植物を食物とする植食性動物やそれらを食べる肉食性動物なども生息できる。

→グラウンドや植え込みよりも種類数や個体数が多い。

教科書 p.193 **資料** 14. 上位の栄養段階の生物が生態系に与える影響について考えよう

結果 食物網の最上位にいたヒトデを1年以上にわたって除去する。

イガイ…著しく増殖して岩の表面を占有する。

カメノテと巻貝…岩の表面に散在する。

フジツボ，ヒザラガイ，カサガイ，藻類…みられなくなった。

ヒトデと捕食－被食の関係になかったイソギンチャク…みられなくなった。

考察 ヒトデは，イガイを多く捕食していた。

思考力UP↑

イガイが著しく増殖して岩の表面を占有すると，岩の表面に付着して生活する他の生物種は生活の場を失ってしまう。
ヒザラガイやカサガイなどは，食物となる藻類が消失したため，実験区の岩場から離れたと考えられる。

ヒトデは，イガイを捕食することによってイガイが岩場を独占するのを妨げることで，多様な生物が生息する環境を形成する役割を果たしていると考えられる。

教科書
p.197 ✎ 資料 **15. 生活排水が流入した河川にみられる生態系の変化を考えよう**

ガイド | 考察 |

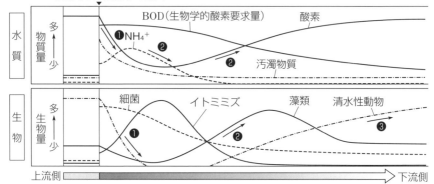

BOD(biological oxygen demand)は，実験的に微生物を用いて水中の有機物を分解させるときに消費される酸素量である。その値が大きいほど，水は汚染されていることになる。

❶　汚濁物質が多いと，細菌が酸素を消費して有機物を盛んに分解するため，酸素量が減少する。

→酸素の乏しい環境でも生活できるイトミミズは増加し，清水性動物はみられなくなる。

❷　有機物の分解によって栄養塩類(NH_4^+)がふえると，これを吸収して藻類が増加する。

→酸素量がふえる。

❸　栄養塩類(NH_4^+)や汚濁物質が減少すると，水質は生活排水流入前と同じような状態に戻る。

→清水性動物が再びみられるようになる。

教科書
p.198 🧪 実験 **4. 河川の微生物による自然浄化**

ガイド | 方法 |　１．水を加えて５分間煮沸したＢは対照実験で，砂や泥についていた微生物は死滅している。

　　Ａのビーカーの水は透明に近くなっているが，Ｂのビーカーの水は白くにごったままである。

教科書 p.202　🔍 調査　**1. オオクチバスが在来種に与える影響を調べよう**

ガイド

|方法|　4. 琵琶湖におけるオオクチバスが在来種に与えている影響を調べる場合，アドレス末尾が「.ac.jp」の日本の大学，「.go.jp」の日本の政府機関のサイト以外に，滋賀県のサイト（www.pref.shiga.lg.jp）の「外来魚駆除対策事業」も役に立つ。

|結果|　1. 漁獲量の推移

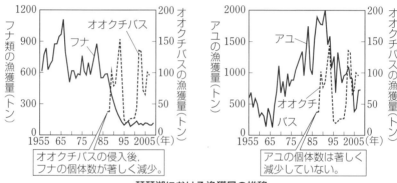

琵琶湖における漁獲量の推移

2. オオクチバス，フナ類，アユの生態の比較

　オオクチバスは，魚食性が強く，春から秋には湖岸近くで盛んに獲物を捕り，冬には深い場所へ移動する。

種名	産卵時期	産卵場所	稚魚の成育場所
オオクチバス	5〜7月	湖岸の湖底	湖岸の抽水・沈水植物が生育する水域
フナ類	4〜6月	湖岸の水草	湖岸の抽水・沈水植物が生育する水域
アユ	10〜12月	流入河川	湖岸の抽水・沈水植物が生育する水域

産卵時期や産卵場所，稚魚の成育場所の比較

|考察|　個体数が減少しているフナ類は，オオクチバスと産卵時期や産卵場所が一致しているが，個体数があまり減少していないアユは，一致していない。

　→フナ類の個体数を減少させた原因は，オオクチバスの侵入と考えられる。

　→オオクチバスと同じ時期に湖岸で産卵したり生活したりする魚類は，個体数を大きく減らしていると推測できる。

実験・観察・調査・資料のガイド　第5章

TRY のガイド

教科書 p.184 バイオームと生態系の違いは何だろうか。考えてみよう。

ポイント　**非生物的環境は，バイオームには含まれないが生態系には含まれる。**

解き方　バイオーム（生物群系）は，ある環境に適応した植物や動物，菌類，細菌類などが互いに関係をもちながら形成される特徴のある集団のことである。一方，生態系は，ある地域に生息する生物の集団とそれらを取り巻く環境（非生物的環境と生物的環境）を，物質循環や生物どうしの関係性をふまえて１つの機能的なまとまりとしてとらえたものである。

答バイオームは生物のみの集団であるが，生態系は生物と環境を１つのまとまりとしてとらえたものである。

教科書 p.184 作用と環境形成作用の具体例をさらに挙げてみよう。

ポイント　**非生物的環境には温度，光，水，大気，土壌などがある。**

解き方　非生物的な環境の生物に対する働きかけを作用，生物の非生物的環境に対する働きかけを環境形成作用という。

答作用の例：
年平均気温が十分に高いところでは，年降水量がバイオームの分布を決める要因になる。
年降水量が豊富なところでは，年平均気温がバイオームの分布を決める要因となる。
環境形成作用の例：
陽樹林の樹木が成長すると，林床は暗くなり，１日の温度変化が小さくなる。
裸地に先駆種が定着すると，これらの遺骸や風化した岩石によって土壌が形成されはじめる。

教科書 p.195　教科書 p.193 図 8 に示した食物網の関係性においても，間接効果がみられる。どのような影響が間接効果に相当するだろうか。考えてみよう。

ポイント　**ヒトデと捕食－被食の関係にない生物をさがす。**

解き方　藻類はヒザラガイやカサガイなどに捕食されるが，ヒトデと藻類の間には捕食－被食の関係がない。しかし，ヒトデがイガイを捕食することで，イガイが岩場を独占するのを妨げ，藻類が岩場に生育することができる。

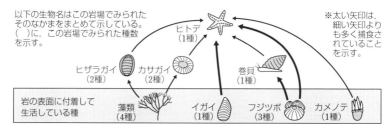

以下の生物名はこの岩場でみられたそのなかまをまとめて示している。（ ）に，この岩場でみられた種数を示す。

※太い矢印は，細い矢印よりも多く捕食されていることを示す。

ヒトデ（1種）　ヒザラガイ（2種）　カサガイ（2種）　巻貝（1種）

岩の表面に付着して生活している種　藻類（4種）　イガイ（1種）　フジツボ（3種）　カメノテ（1種）

アメリカの太平洋沿岸のある岩場にみられる食物網

読解力UP↑

資料 14 の結果には，イソギンチャクについても書かれているが，「図 8 に示した食物網」とあるので，ふれないこと。

答 ヒトデがイガイを捕食することで，藻類が岩場に生息できることが間接効果に相当する。

教科書 p.206

里山に対する働きかけの減少のほかに，水路がコンクリートで補修されることなどによってメダカやドジョウなどがみられなくなっている。水路をコンクリートで補修することで，これらの生物はどのような影響を受けたのだろうか。話し合ってみよう。

ポイント コンクリートで補修されることで，水の流れが速くなる。

解き方 メダカやドジョウは穏やかな水の流れのところに生息している。水路がコンクリートで補修されると，水の流れが速くなり，生息に適さなくなる。また，メダカは水草など，ドジョウは泥の上などに産卵するので，コンクリートで補修されると，産卵場所がなくなってしまう。

答 水路がコンクリートで補修されると，水の流れが速くなって生息しにくくなり，さらに水草などの産卵場所がなくなるため，個体数が激減した。

教科書 p.209

身のまわりにある生息地の分断の影響を最小限に抑える取り組みについて調べてみよう。

ポイント 生息地の分断は，道路やダム（堰や砂防ダム）などによって起こる。

解き方 Webページ閲覧用ソフトで，検索エンジンをもつサイトにアクセスして，生息地の分断に関するキーワードを入力する。
〔キーワードの例〕「生息地の分断」，「対策」，「道路」，「堰」，「砂防ダム」

思考力UP↑
インターネットのWebページには信憑性に欠ける情報もたくさん存在するので，発信元を十分に確認することが大切である。

答 道路がまわりより高いところにある場合，けもの道と交差する道路の地下に地下道をつくる。
道路がまわりより低いところにある場合，けもの道と交差する道路の上に橋を架ける。
橋梁の下の環境をできるだけ動物が移動しやすいようにする。
など

教科書 p.212　生態系サービスの具体例を挙げ，それがどの項目に該当するか分類してみよう。

ポイント　生態系サービスとは，私たちが生態系から受ける恩恵のこと。

解き方
1)　供給サービスは，食料，燃料，木材，繊維，薬品，水など，人間の生活に重要な資源を供給するサービスを指す。
2)　調節サービスは，森林があることによって気候が緩和されたり，洪水が起こりにくくなったり，水が浄化されたりといった，環境を制御するサービスのことを指す。
3)　文化的サービスは，精神的充足，美的な楽しみ，宗教・社会制度の基盤，レクリエーションの機会などを与えるサービスのことを指す。
4)　基盤サービスは，1)〜3)のサービスの供給を支えるサービスのことを指す。たとえば，光合成による酸素の供給，土壌の形成，水循環などが基盤サービスに当たる。

答　植物成分を原料にして医薬品を得る。→供給サービス
森林の保全によって地すべりを防ぐことができる。→調節サービス
魚釣りや海水浴，登山など。→文化的サービス
など

教科書 p.213　これまでの学習を踏まえ，私たちが日常のなかで行える，生態系を守る取り組みを考えて，話し合ってみよう。

ポイント　人間のさまざまな活動は，生態系に深刻な影響を与えている。

解き方　人間活動による地球環境の変化，人間による生物や物質の持ち込み，自然に対する働きかけの縮小，開発による生息地の分断のいずれかに対する対策を具体的に考える。

答　二酸化炭素の放出を減らすため，暖房の設定温度を低くする。
在来生物を守るため，外来生物を野外に放さない。
世界自然遺産など自然が保護されている場所に入るときは，靴の底についた泥を落として，外来植物の種子などを持ち込まないようにする。
里山などの植林に参加する。
など

章末問題・特講のガイド

❶ 生態系の成り立ち

関連：教科書 p.184〜192

生態系の成り立ちについて述べた次の文の（　）に入る適語を答えよ。

ある生物にとっての環境は，温度・光・水などからなる（　1　）と，同種・異種の生物からなる（　2　）からなる。生態系において，無機物から有機物をつくる独立栄養生物を（　3　）といい，（　3　）のつくった有機物を直接または間接的に利用する従属栄養生物を（　4　）という。生態系内の生物は，捕食－被食の関係で連続的につながっており，これは（　5　）と呼ばれる。実際には，このつながりは網目状になっており，（　6　）と呼ばれる。

ポイント 環境＝生物的環境＋非生物的環境

解き方 生態系は，ある地域で生息する生物の集団とそれらを取り巻く環境を1つのまとまりとしてとらえたものである。

生物を取り巻く環境で，温度，光，水，大気，土壌などを非生物的環境（1），同種・異種の生物を生物的環境（2）という。

生態系において，植物や藻類などのように，無機物から有機物をつくる独立栄養生物を生産者（3）という。一方，動物や多くの菌類・細菌のように，外界から有機物を取り入れ，それを利用して生活している従属栄養生物を消費者（4）という。消費者のうち，遺骸や排出物を利用するものを分解者と呼ぶこともある。

生態系内で，被食者と捕食者は連続的につながっており，このつながりは食物連鎖（5）と呼ばれる。自然界には多くの種類の生物が存在していて，それぞれの動物が食物とする生物は1種類と限らないので，実際の生態系では，食物連鎖は相互につながった複雑な網目状の関係になっている。このようなつながりは食物網（6）と呼ばれる。

答 1：非生物的環境　　2：生物的環境　　3：生産者　　4：消費者
5：食物連鎖　　6：食物網

❷ 生物間の関係性

関連：教科書 p.193~195

　下図は，ある生態系における捕食－被食の関係を示しており，種Bは種Cを捕食し，種Aは種Bを捕食する。以下の問いに答えよ。

(1) 種Aの個体数が減少すると，種Bの個体数が爆発的に増加した。その結果，種Cの個体数はどのように変化すると考えられるか。次のア～ウから当てはまるものを1つ選べ。
　　ア．変化しない　　イ．増加する　　ウ．減少する

```
┌──────────┐
│  種 A    │
└──────────┘
     ↑ 捕食
┌──────────┐
│  種 B    │
└──────────┘
     ↑ 捕食
┌──────────┐
│  種 C    │
└──────────┘
```

(2) 種Aのような，生態系で食物網の上位にあって他の生物の生活に大きな影響を与える種を何というか。

(3) 2種の生物間にみられる捕食－被食のような関係が，その2種以外の生物に及ぼす影響を何というか。

ポイント キーストーン種の減少は他の種の個体数に影響を与える。

解き方 (1) 種Aの個体数が減少すると，捕食される個体数が減るので，種Bの個体数は増加する。種Bの個体数が増加すると，捕食される個体数がふえるので，種Cの個体数は減少する。

思考力UP↑
捕食する生物が減少すると捕食される生物は増加し，捕食する生物が増加すると捕食される生物は減少する。

(2) 種Aは，この食物連鎖の最上位にある。種Aのように，生態系の上位にあって他の生物の生活に大きな影響を与える種をキーストーン種という。

(3) 種Aと種B，種Bと種Cの間には捕食－被食の関係がある。しかし，種Aと種Cの間には直接的な関係はみられないが，種Bを介したつながりがある。このような2種の動物間にみられる捕食－被食のような関係が，その2種以外の生物に及ぼす影響を間接効果という。

答 (1)　ウ
　　(2)　キーストーン種
　　(3)　間接効果

❸ 生態系の復元力

関連：教科書 p.197〜198

　下図は，生活排水が流入した河川の上流から下流までの生態系にみられる変化を模式的に示したものである。以下の問いに答えよ。

(1) 図のA〜C地点の説明として当てはまるものを，以下のア〜エから１つずつ選べ。

　ア．栄養塩類や汚濁物質が減少し，清水性動物が多くみられる。

　イ．細菌がまったくみられなくなる。

　ウ．細菌が酸素を消費し，汚濁物質中の有機物を盛んに分解している。

　エ．藻類の働きにより，水中の酸素量が増加していく。

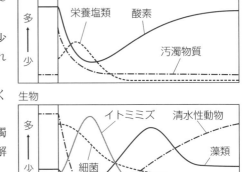

(2) 海や河川に流れ込んだ汚濁物質が，微生物の働きによって分解されたり，多量の水によって希釈されたりして減少することを何というか。

(3) 生態系は，撹乱を受けても，その程度が小さければやがて撹乱を受ける前の状態に戻る。これを生態系の何というか。

ポイント　細菌が汚濁物質に含まれる有機物を分解するときに，酸素を消費する。

解き方　(1)　A地点では，細菌の数が多く，汚濁物質の量と酸素量が大きく減少し，栄養塩類の量が増加している。これは，細菌が酸素を消費して汚濁物質中の有機物を盛んに分解して栄養塩類をつくり出しているからである。B地点では，酸素量と藻類の量が増加している。これは，増加した栄養塩類を吸収し，増殖した藻類が盛んに光合成を行って栄養分をつくり出して酸素を放出するためである。C地点では，酸素量が多く，栄養塩類や汚濁物質の量が少なくなっていて，水質は生活排水流入前とほぼ同じ状態に戻り，清水性動物の個体数もほぼ元に戻っている。

答　(1)　A：ウ　　B：エ　　C：ア

　　(2)　自然浄化

　　(3)　復元力

❹ 人間活動による生態系の影響

関連：教科書 p.200〜209

人間活動が生態系に与える影響に関する以下の問いに答えよ。

(1) 次のA〜Dの事例に関連の深い語句を，語群から2つずつ選べ。

　A．地球温暖化　　B．外来生物　　C．里山　　D．生息地の分断

【語群】　水田やため池　　貨物の移動　　気温の上昇　　ダム　　雑木林
　　　　　在来種の減少　　二酸化炭素　　高速道路の建設

(2) 地球表面から放出される熱エネルギーが二酸化炭素などに吸収され，その一部が地表や大気の温度を上昇させる働きを何というか。

ポイント 地球温暖化は，二酸化炭素など温室効果ガスの増加が原因とされる。

解き方 (1)A．地球全体の平均気温の上昇をもたらす地球温暖化の原因は，人間活動による二酸化炭素などの温室効果ガスの増加であると考えられている。

B．外来生物は，人間や貨物の移動に伴って運ばれたり，養殖や観賞用として持ち込まれたりすることで，本来の生息地から別の生態系に侵入する。外来生物が侵入した生態系で上位の捕食者となったり，著しく増殖したりすると，在来種の減少の原因になる。

C．里山の雑木林は，定期的に伐採されることで維持され，多くの野生生物に食物や営巣場所を提供する。定期的に水を張ったり抜いたりすることで維持される水田やため池は，多様な生物の繁殖場所になっている。

D．高速道路の建設や河川におけるダム（堰や砂防ダムなど）の建設は，生物の行き来を妨げるために，生息地を分断することが多い。

(2) 大気中の二酸化炭素やメタンなどは，地表から放出される熱エネルギーを吸収し，再び放出する。放出された熱エネルギーの一部は地表に戻って地表や大気の温度を上昇させる。このような現象を温室効果といい，温室効果をもたらす気体を温室効果ガスという。

答 (1)　A：気温の上昇，二酸化炭素　　　B：貨物の移動，在来種の減少
　　　　　C：水田やため池，雑木林　　　　D：ダム，高速道路の建設

(2)　温室効果

章末問題・特講のガイド　第5章

❺ 生態系とその保全

関連：教科書 p.199〜210

　生態系とその保全に関する次の(1)〜(7)の文の下線部の正誤を判別し，正しい場合は〇，誤っている場合は正しい語を答えよ。

(1)　海水温の上昇により，サンゴが白くなる現象は<u>白化現象</u>と呼ばれる。

(2)　<u>温室効果ガス</u>は，地表から放射される熱エネルギーを吸収し，再放出することで，大気の温度を上昇させる。

(3)　人間活動により本来の生息地とは異なる場所に持ち込まれ，そこにすみ着いた生物を<u>侵略生物</u>という。

(4)　人間活動によって持ち込まれ，生態系や人間生活に大きな影響を与える，またはそのおそれのある生物を<u>侵略的外来生物</u>という。

(5)　絶滅のおそれがある生物は，<u>絶滅危機種</u>と呼ばれる。

(6)　ダム建設などを行う際に，それが環境に及ぼす影響を事前に調査，予測，評価し，環境への適正な配慮がなされるようにすることを，<u>生態系アセスメント</u>という。

(7)　化学肥料や家庭からの生活排水は，湖や内湾を<u>貧栄養化</u>させ，アオコや赤潮の原因になる。

ポイント 　栄養塩類の濃度が高くなることを富栄養化，濃度が低くなることを貧栄養化という。

解き方 (3)　人間活動によって本来の生息場所から別の場所に持ち込まれ，その場所にすみ着いた生物は外来生物と呼ばれる。

(5)　さまざまな原因によって絶滅のおそれがある生物を絶滅危惧種という。さまざまな人間活動によって絶滅危惧種の数がふえている。

(6)　道路やダム建設などの開発を行う際には，それが環境に及ぼす影響を事前に調査，予測，評価し，環境への適正な配慮がなされるようにすることを環境アセスメント(環境影響評価)という。

(7)　湖沼や海などで，栄養塩類が蓄積して濃度が高くなる現象を富栄養化という。化学肥料や家庭からの生活排水に含まれる有機物は分解されて栄養塩類を生じる。

答 (1)　〇　　(2)　〇　　(3)　外来生物　　(4)　〇　　(5)　絶滅危惧種
(6)　環境アセスメント　　(7)　富栄養化

❻ 生態系と私たちの生活　関連：教科書 p.212〜213

私たちの生活と生態系との関わりについての次の文を読み，以下の問いに答えよ。

私たちは，生態系からさまざまな恩恵を受けて生活している。生態系から受ける恩恵は，基盤サービス，供給サービス，調節サービス，文化的サービスの4つに分けて考えられている。

(1) 下線部のような，人間が生態系から受けている恩恵は，まとめて何と呼ばれるか。

(2) 生態系からの恩恵を受け続けるために，私たちができることとして誤っていることを次のア〜エから1つ選べ。

　ア．多様な動植物が生息できるよう生態系の保全活動に参加する。

　イ．身のまわりの生物の生態を調べ，生態系への理解を深める。

　ウ．開発を行う場合には，生態系にどのような影響を及ぼすのか調査し，できるだけその影響が小さくなるように務める。

　エ．多様な生物が生息できるよう，国外からさまざまな生物を導入する。

ポイント　生物多様性が高い生態系ほど，生態系サービスが豊かになる。

解き方　(2) エ．導入された生物は外来生物となり，移入された場所に天敵となる捕食者がおらず，生育に適した環境であれば，増殖してその地域の生態系のバランスを崩してしまうおそれがある。

答 (1) 生態系サービス

(2) エ

知識を活かす

外来生物の侵入・定着を防ぐために，外来生物の駆除以外に何をすればいいだろうか。話し合ってみよう。

ポイント　外来生物被害予防三原則：入れない，捨てない，拡げない

答 外来生物の侵入・定着を防ぐには，悪影響を及ぼすおそれのある外来生物を国内に入れない，飼育している外来種を捨てない，すでに野外にいる外来生物を他の地域に拡げないことが大切である。

章末問題・特講のガイド　第5章

特講　シンキングツールを用いて生態系の保全について考えよう

関連：教科書 p.196～213

Step 1　保護の対象である「生態系」に生じている問題について，学習内容を整理しよう

具体的な取り組みを考える前に，これまでの学習内容を整理しよう。フィッシュボーン（特性要因図ともいう）を用いると，ある結果や問題に関与している要因を図式化できる。こ

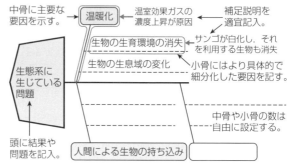

中骨に主要な要因を示す。

温暖化

温室効果ガスの濃度上昇が原因

補足説明を適宜記入。

生物の生育環境の消失

サンゴが白化し，それを利用する生物も消失

生物の生息域の変化

小骨にはより具体的で細分化した要因を記す。

生態系に生じている問題

中骨や小骨の数は自由に設定する。

頭に結果や問題を記入。

人間による生物の持ち込み

こでは，5章で学習した内容を図式化することで整理しよう。

Step 2　具体的な「生態系を守る取り組み」について，自分の考えをまとめてみよう

Step 1 で中骨に挙げた要因を1つ取り上げ，それに対する具体的な取り組みについて考えをまとめよう。ピラミッドチャートを用いると，考えを構造化して整理できる。完成したら，それをもとに考えを文章化してみよう。

選択した中骨

温暖化

ここでは，第1→2→3層の順番で埋めることを想定している。

1 温室効果ガス（CO_2）の濃度を下げる

第1層：主要な主張や考えを書く。

2 CO_2の放出を減らす　CO_2の吸収源を守る　CO_2の吸収源をふやす

第2層：第1層を支持する考え，意見，対応を書く。または，具体化させたものを書く。

3 裏紙を使う　省エネの家電を使う　植林事業に寄付をする　公共交通機関の利用　冷暖房の設定温度を見直す

第3層：第2層をさらに具体化させたものを書く。

Challenge　問題に関する視野を広げよう

科学的な議論には，客観性が重要である。ここでは，Step 2 で考えた取り組みについて，バタフライチャートを用いて別の視点から考えてみよう。

中央に課題（トピック）を書く。

意見は複数回書いてもよい。

強い反対
●放出量の削減や排出制限には，金銭的な負担が伴うことも多い。金銭面で取り組むべき問題だ。

反対
●放出量を削減するには，日常生活の上でさまざまな細かい配慮が求められることとなり，負担となる。

トピック
CO_2の放出を減らす

賛成
●現状の放出量が現在の暮らしに必須とは言えない。できる限り放出量を減らすべきだ。

強い賛成
●現状のままでは，将来多大な被害が発生することになる。データにもとづき，厳しい排出制限を設けるべきだ。

賛成・反対ではなく，メリット・デメリットとして考えてもよい。

解き方 Step 1　人間活動によって生態系に生じている問題には，「温暖化」，「外来生物」，「里山への働きかけの縮小」，「生息地の分断」などがある。

Step 2　日常生活のなかで行える生態系を守る取り組みの1つとして，外来生物に対する取り組みについて考えて，ピラミッド　チャートにまとめると，右の図のようになった。これをもとに考えを文章化してみる。

選択した中骨
外来生物

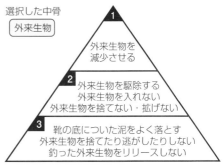

Challenge　自分と異なる意見についても相手の立場で考えることが重要である。

答 Step 1

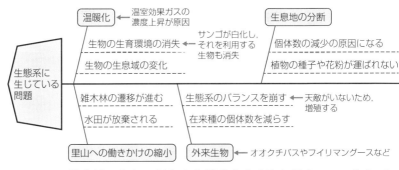

Step 2　日常生活のなかで行える生態系を守る取り組みの1つとして，外来生物に対する取り組みについて考えた。外来生物の駆除は地方自治体などが行っているが，私たちができる取り組みとしては，大きく3つのことが考えられる。1つ目は外来生物を入れないということで，靴の裏についた泥に含まれる種子や荷物に紛れ込んだ小動物などを運ばないことなどが考えられる。2つ目は外来生物を捨てたり逃がしたりしないということで，ペットとして飼っている生き物は最後まで面倒をみる責任がある。3つ目は外来生物を拡げないということで，釣ってきたオオクチバスやブルーギルを近所の湖に放したりしないことなどが考えられる。

Challenge　略

A